海洋深水油气田开发工程技术丛书

丛书主编　曾恒一

丛书副主编　谢　彬　李清平

深水钻完井工程技术

许亮斌　盛磊祥　肖凯文　等

著

上海科学技术出版社

图书在版编目（CIP）数据

深水钻完井工程技术 / 许亮斌等著. -- 上海 : 上海科学技术出版社, 2021.3
（海洋深水油气田开发工程技术丛书）
ISBN 978-7-5478-5170-8

Ⅰ. ①深… Ⅱ. ①许… Ⅲ. ①海上油气田－海上钻进－完井 Ⅳ. ①TE52

中国版本图书馆CIP数据核字(2021)第046401号

深水钻完井工程技术
许亮斌　盛磊祥　肖凯文　等　著

上海世纪出版(集团)有限公司
上 海 科 学 技 术 出 版 社 出版、发行
(上海钦州南路71号　邮政编码 200235　www.sstp.cn)
上海雅昌艺术印刷有限公司印刷
开本 787×1092　1/16　印张 14.25
字数 310 千字
2021年3月第1版　2021年3月第1次印刷
ISBN 978－7－5478－5170－8/TE·3
定价：120.00元

内 容 提 要

本书主要介绍了深水钻完井的关键技术、装备、设计和作业技术。全书分为 6 章，第 1 章概述了与陆地和浅水钻完井相比，深水钻完井的特殊性；第 2 章主要介绍了深水钻完井设计的特殊装备；第 3 章主要介绍了深水钻井设计的特殊考虑和应对方法；第 4 章主要介绍了深水完井测试的设计方法和流程；第 5 章主要介绍了深水对钻井液/水泥浆体系和作业的特殊设计要求；第 6 章主要介绍了深水应急处置方案和关键技术装备。通过阅读本书，技术人员可以了解深水钻完井面临的技术挑战和作业风险点，并有助于在工程设计和现场作业期间解决实际生产中的问题。

本书可供从事海洋油气田开发、开采、钻完井技术研究的科研人员、工程技术人员、现场作业人员及高等院校相关专业师生参考。

丛书编委会

专家委员会

丛书序

目前，海洋能源资源已成为全球可持续发展主流能源体系的重要组成部分。海洋蕴藏了全球超过 70%的油气资源，全球深水区最终潜在石油储量高达 1 000 亿桶，深水是世界油气的重要接替区。近 10 年来，人们新发现的探明储量在 1 亿 t 以上的油气田 70%在海上，其中一半以上又位于深海，深水区一直是全球能源勘探的前沿区和热点区，深水油气资源成为支撑世界石油公司未来发展的新领域。

当前我国能源供需矛盾突出，原油、天然气对外依存度逐年攀升，原油对外依存度已经超过 70%，天然气的对外依存度已经超过 45%。加大油气勘探开发力度，强化油气供应保障能力，构建全面开放条件下的油气安全保障体系，成为当务之急。党的十九大报告提出“加快建设海洋强国”战略部署，实现海洋油气资源的有效开发是“加快建设海洋强国”战略目标的重要组成部分。习近平总书记在全国科技“三会”上提出“深海蕴藏着地球上远未认知和开发的宝藏，但要得到这些宝藏，就必须在深海进入、深海探测、深海开发方面掌握关键技术”。加快发展深水油气资源开发装备和技术不仅是国家能源开发的现实需求，而且是建设海洋强国的重要内容，也是维护我国领海主权的重要抓手，更是国家综合实力的象征。党的十九届五中全会指出，“坚持创新在我国现代化建设全局中的核心地位，把科技自立自强作为国家发展的战略支撑”，是以习近平同志为核心的党中央把握大势、立足当前、着眼长远作出的战略布局，对于我国关键核心技术实现重大突破、促进创新能力显著提升、进入创新型国家前列具有重大意义。

我国深海油气资源主要集中在南海，而南海属于世界四大海洋油气聚集中心之一，有“第二个波斯湾”之称。南海海域水深在 500 m 以上区域约占海域总面积的 75%，已发现含油气构造 200 多个、油气田 180 多个，初步估计油气地质储量约为 230 亿～300 亿 t，约占我国油气资源总量的 1/3，同时南海深水盆地的地质条件优越，因此南海深水区油气资源开发已成为中国石油工业的必然选择，是我国油气资源接替的重要远景区。

深水油气田的开发需要深水油气开发工程装备和技术作为支撑和保障。我国海洋石油经过近 50 年的发展，海洋工程实践经验仅在 300 m 水深之内，但已经具备了 300 m 以内水深油气田的勘探、开发和生产的全套能力，在 300 m 水深的工程设计、建造、安装、运行和维护等方面与国外同步。在深水油气开发方面，我国起步较晚，与欧美发达国家还存在较大差距。当前面临的主要问题是海洋环境及地质调查数据不足，工程设计、建造和施工技术匮乏，安装资源不足，缺少工程经验，难以满足深水油气开发需求，所以迫切需要加强对海洋环境和工程地质技术、深水平台工程设计及施工技术、水下生产系统工程技术、深水流动安全保障控制技术、海底管道和立管工程设计及施工技术、新型开发装置工程技术等关键技术研究，加强对深水施工作业装备的研制。

2008 年，国家科技重大专项启动了"海洋深水油气田开发工程技术"项目研究。该项目由中海油研究总院有限责任公司牵头，联合国内海洋工程领域 48 家企业和科研院所组成了 1 200 人的产学研用一体化研发团队，围绕南海深水油气田开发工程亟待解决的六大技术方向开展技术攻关，在深水油气田开发工程设计技术、深海工程实验系统和实验模拟技术、深水工程关键装置/设备国产化、深水工程关键材料和产品国产化以及深水工程设施监测系统等方面取得标志性成果。如围绕我国南海荔湾 3－1 深水气田群、南海流花深水油田群及陵水 17－2 深水气田开发过程中遇到的关键技术问题进行攻关，针对我国深水油气田开发面临的诸多挑战问题和主要差距（缺乏自主知识产权的船型设计，核心技术和关键设备仍掌握在国外公司手中；深水关键设备全部依赖进口；同时我国海上复杂的油气藏特性以及恶劣的环境条件等），在涵盖水面、水中和海底等深水油气田开发工程关键设施、关键技术方面取得突破，构建了深水油气田开发工程设计技术体系，形成了 1 500 m 深水油气田开发工程设计能力；突破了深水工程实验技术，建成了一批深水工程实验系统，形成国内深水工程实验技术及实验体系，为深水工程技术研究、设计、设备及产品研发等提供实验手段；完成智能完井、水下多相流量计、保温输送软管、水下多相流量计等一批具有自主知识产权的深水工程装置/设备样机和产品研制，部分关键装置/设备已经得到工程应用，打破国外垄断，国产化进程取得实质性突破；智能完井系统、水下多相流量计、水下虚拟计量系统、保温输油软管等获得国际权威机构第三方认证；成功研制四类深水工程设施监测系统，并成功实施现场监测。这些研究成果成功应用于我国荔湾周边气田群、流花油田群和陵水 17－2 深水气田工程项目等南海以及国外深水油气田开发工程项目，支持了我国南海 1 500 m 深水油气田开发工程项目的自主设计和开发，引领国内深水工程技术发展，带动了我国海洋高端产品制造能力的快速发展，支撑了国家建设海洋强国发展战略。

"海洋深水油气田开发工程技术丛书"由国家科技重大专项"海洋深水油气田开发工程技术（一期）"项目组长曾恒一院士和"海洋深水油气田开发工程技术（二期、三期）"项目组长谢彬作为主编和副主编，由"深水钻完井工程技术""深水平台技术""水下生产技术""深水流动安全保障技术"和"深水海底管道和立管工程技术"5 个课题组长作为分册主编，是我国首套全面、系统反映国内深水油气田开发工程装备和高技术领域前沿研究和先进技术成果的专业图书。丛书集中体现海洋深水油气田开发工程领域自"十一五"到"十三五"国家科技重大专项研究所获得的研究成果，关键技术来源于工程项目需求，研究成果成功应用于工程项目，创新性研究成果涉及设计技术、实验技术、关键装备/设备、智能化监测等领域，是产学研用一体化研究成果的体现，契合国家海洋强国发展战略和创新驱动发展战略，对于我国自主开发利用海洋、提升海洋探测及研究应用能力、提高海洋产业综合竞争力、推进国民经济转型升级具有重要的战略意义。

中国科协副主席
中国工程院院士 周守为

丛书前言

加快我国深水油气田开发的步伐，不仅是我国石油工业自身发展的现实需要，也是全力保障国家能源安全的战略需求。中海油研究总院有限责任公司经过30多年的发展，特别是近10年，已经建成了以“奋进号”“海洋石油201”为代表的“五型六船”深水作业船队，初步具备深水油气勘探和开发的能力。国内荔湾3-1深水气田群和流花油田群的成功投产以及即将投产的陵水17-2深水气田，拉开了我国深水油气田开发的序幕。但应该看到，我国在深水油气田开发工程技术方面的研究起步较晚，深水油气田开发处于初期阶段，国外采油树最大作业水深2 934 m，国内最大作业水深仅1 480 m；国外浮式生产装置最大作业水深2 895.5 m，国内最大作业水深330 m；国外气田最长回接海底管道距离149.7 km，国内仅80 km；国外有各种类型的深水浮式生产设施300多艘，国内仅有在役13艘浮式生产储油卸油装置和1艘半潜式平台。此表明无论在深水油气田开发工程技术还是装备方面，我国均与国外领先水平存在巨大差距。

我国南海深水油气田开发面临着比其他海域更大的挑战，如海洋环境条件恶劣（内波和台风）、海底地形和工程地质条件复杂（大高差）、离岸距离远（远距离控制和供电）、油气藏特性复杂（高温、高压）、海上突发事故应急救援能力薄弱以及南海中南部油气开发远程补给问题等，均需要通过系统而深入的技术研究逐一解决。2008年，国家科技重大专项“海洋深水油气田开发工程技术”项目启动。项目分成3期，共涉及7个方向：深水钻完井工程技术、深水平台工程技术、水下生产技术、深水流动安全保障技术、深水海底管道和立管工程技术、大型FLNG/FDPSO关键技术、深水半潜式起重铺管船及配套工程技术。在“十一五”期间，主要开展了深水钻完井、深水平台、水下生产系统、深水流动安全保障、深水海底管道和立管等工程核心技术攻关，建立深水工程相关的实验手段，具备深水油气田开发工程总体方案设计和概念设计能力；在“十二五”期间，持续开展深水工程核心技术研发，开展水下阀门、水下连接器、水下管汇及水下控制系统等关键设备，以及保温输送软管、湿式保温管、国产PVDF材料等产品国产化研发，具备深水油气田开发工程基本设计能力；在“十三五”期间，完成了深水油气田开发工程应用技术攻关，深化关键设备和产品国产化研发，建立深水油气田开发工程技术体系，基本实现了深水工程关键技术的体系化、设计技术的标准化、关键设备和产品的国产化、科研成果的工程化。

为了配合和支持国家海洋强国发展战略和创新驱动发展战略，国家科技重大专项“海洋深水油气田开发工程技术”项目组与上海科学技术出版社积极策划“海洋深水油气田开发工程技术丛书”，共6分册，由国家科技重大专项“海洋深水油气田开发工程技术(一期)”项目组长曾恒一院士和“海洋深水油气田开发工程技术(二期、三期)”项目组长谢彬作为主编和副主编，由“深水钻完井工程技术”“深水平台技术”“水下生产技术”“深水流动安全保障技术”和“深水海底管道和立管工程技术”5个课题组长作为分册主编，由相关课题技术专家、技术骨干执笔，历时2年完成。

“海洋深水油气田开发工程技术丛书”重点介绍深水钻完井、深水平台、水下生产系统、深水流动安全保障、深水海底管道和立管等工程核心技术攻关成果，以集中体现海洋深水油气田开发工程领域自“十一五”到“十三五”国家科技重大专项研究所获得的研究成果，编写材料来源于国家科技重大专项课题研究报告、论文等，内容丰富，从整体上反映了我国海洋深水油气田开发工程领域的关键技术，但个别章节可能存在深度不够，不免会有一些局限性。另外，研究内容涉及的专业面广、专业性强，在文字编写、书面表达方面难免会有疏漏或不足之处，敬请读者批评指正。

中国工程院院士 曾恒一

致谢单位

中海油研究总院有限责任公司
中海石油深海开发有限公司
中海石油(中国)有限公司湛江分公司
海洋石油工程股份有限公司
海洋石油工程(青岛)有限公司
中海油田服务股份有限公司
中海石油气电集团有限责任公司
中海油能源发展股份有限公司工程技术分公司
中海油能源发展股份有限公司管道工程分公司
湛江南海西部石油勘察设计有限公司
中国石油大学(华东)
中国石油大学(北京)
大连理工大学
上海交通大学
天津市海王星海上工程技术股份有限公司
西安交通大学
天津大学
西南石油大学
深圳市远东石油钻采工程有限公司
吴忠仪表有限责任公司
南阳二机石油装备集团股份有限公司

北京科技大学

华南理工大学

西安石油大学

中国科学院力学研究所

中国科学院海洋研究所

长江大学

中国船舶工业集团公司第七〇八研究所

大连船舶重工集团有限公司

深圳市行健自动化股份有限公司

兰州海默科技股份有限公司

中船重工第七一九研究所

浙江巨化技术中心有限公司

中船重工(昆明)灵湖科技发展有限公司

中石化集团胜利石油管理局钻井工艺研究院

浙江大学

华北电力大学

中国科学院金属研究所

西北工业大学

上海利策科技有限公司

中国船级社

宁波威瑞泰默赛多相流仪器设备有限公司

本书编委会

主　编　许亮斌

副主编　盛磊祥　肖凯文

编　委　（按姓氏笔画排序）

王　宇　刘　健　李峰飞　李梦博　李朝玮

何玉发　罗洪斌　郝希宁　袁俊亮　殷志明

前　言

海洋是油气资源的重要接续区，广阔的深水海域蕴藏着丰富的油气资源。深水海域是当今世界油气储量新的增长点，世界各国都加强了在深水海域油气资源的勘探开发力度。中国海洋石油集团有限公司(简称“中国海油”)自“十五”期间就开始了深水钻井的技术研究，通过集团公司及国家科技重大专项的支持，引进、消化、集成、创新，逐步形成了深水钻完井技术体系。自 2012 年首台深水钻井平台“奋进号”投入使用以来，中国海油在国内率先开始了深水钻井作业，逐渐形成成熟的深水钻完井技术。随着荔湾 3-1、陵水 17-2、流花 16-2 等深水油气田的开发，标志着中国石油钻井工业实现了由浅水向深水的跨越。

深水钻完井仍然面临挑战，同时也是当今油气勘探开发技术和装备的前沿领域。依托中国海油深水钻完井技术的研究和认识，本书系统总结了深水钻完井技术的挑战，系统介绍了深水钻完井设计的关键技术和方法，并针对深水的特殊性，介绍了深水钻井涉及的特殊装备，以及在钻完井液、固井水泥浆体系方面的特殊要求。

在本书编写过程中，经过多次校审、集中统稿，每一步都凝聚着编写人员的心血。全书编写分工如下：第 1 章由许亮斌、盛磊祥编写，第 2 章由刘健、肖凯文、盛磊祥、何玉发、王宇、殷志明编写，第 3 章由袁俊亮、罗洪斌、郝希宁、盛磊祥编写，第 4 章由何玉发、盛磊祥、王宇编写，第 5 章由罗洪斌、李朝玮编写，第 6 章由殷志明、李峰飞、李梦博编写。全书由许亮斌统筹、审定，并由盛磊祥、肖凯文统稿完成。

由于我们在深水领域的作业量有限，在深水技术研发以及实践经验方面仍有不足，因而本书的一些认识和看法可能存在一定的局限性，希望相关技术人员和专家能够在实际学习应用中不断改进和完善。

作　者

2020 年 10 月

目　录

第1章　概　　述

1.1 深水钻完井技术现状

随着海洋钻探和开发工程技术的不断进步，深水的概念和范围不断扩大。目前，一般认为水深大于 300 m 为深水，水深大于 1 500 m 则为超深水。据估计，全世界 44%的海洋油气资源位于 300 m 水深以下的水域，超过一半位于深水海域，其中，墨西哥湾深水油气资源量高达(400～500)$\times 10^8$ bbl 油当量$\left(1\ \text{bbl}=1\ \text{桶}\approx\frac{1}{7}\ \text{t}\right)$，约占墨西哥湾大陆架油气资源量的 40%以上，而巴西东部海域深水油气比例高达 90%左右。从近年的石油发现分析可见，世界新发现的油田一直向海洋倾斜，从总量来看，2005—2009 年，世界最新的油田发现主要为海洋油田，约占 60%以上。深水油气产量不断上升，海上油气产量继续保持增长势头，在世界石油产量中海上石油产量占 35%。21 世纪发现的大油气田中，有 56 个位于深水区、12 个位于超深水区。墨西哥湾、巴西、西非已经成为深水油气田开发主战场。

钻完井工程是实现勘探目标、证实开发储量的关键技术；深水钻井是深水油气勘探开发的一个关键环节，因此深水钻完井技术与装备是深水油气勘探开发领域的核心业务之一。深水钻井涉及多学科专业领域，风险高，成本昂贵，技术难度大，对设备和人员的要求高。经过数十年的发展，国际上已经实现了 3 000 m 深海技术的突破，形成了比较成熟的复杂条件下深水钻完井技术体系和装备能力，主要包括深水钻完井工艺技术、深水固井及钻完井液技术、深水钻完井装备技术和深水井下工具技术。我国与国际上先进技术的差距主要表现在作业水深、作业能力、关键技术、关键装备及工具、标准规范等方面。

我国深水钻井技术取得了初步的发展，自“奋进号”投入应用以来自主完成了 30 余口井的现场作业，最大水深 2 620 m；我国已经基本掌握了常规的深水钻井工艺设计技术，具备了深水钻井设计和作业的现场组织实施能力。我国重点开展了深水钻井设计技术、深水钻井液与水泥浆体系、深水钻井隔水管技术、深水表层钻井技术、动态压井钻井技术、深水钻机设备选型与布置等方面的研究工作，制定了深水钻井、完井、测试作业规范，已具备常规深水钻完井工程设计和设备选型能力，但是目前尚未完全掌握复杂条件下超深水/深水钻完井工艺技术。在南海常规地层的深水区域，对比如墨西哥湾的深水项目，目前钻遇的油气藏在地层条件、井下压力窗口、井身结构等方面相对简单，因此我国与国际上先进技术的差距主要体现在复杂深水油气藏钻完井技术方面，包括深水的高温高压、巨厚盐膏层相关的钻井设计技术及精细控压钻井技术等。大型装备方面的差距更明显，国内深水钻井平台钻井包的成套集成设计能力不足，关键设备如深水钻机、井口管子处理系统、防喷器、采油树、隔水管系统等虽然进行了一些国产化的尝试，但是由于缺少应用评估的相关标准规范，国产化设备现场应用的可靠性无从保障，产业化推广举步维艰。特殊的深水钻井装备如双梯度钻井、控压钻井、适应深水高效经济钻修井等方面特殊装备的研发才刚刚起步，不能适应深水钻井对多样化、系列化功能装备的需求。目前国内有 15 艘作业水深 300 m 以上的半潜式钻井平台，其中仅“奋进号”深水半潜式钻井平台具备 3 000 m 水深作业能力，最大钻深达 10 000 m。

1.2 深水钻完井面临的挑战

伴随深水油气勘探开发的逐渐深入，危及深水钻井安全的问题也日益突出。由于超深水钻井所涉及的钻井环境温度特殊，钻井液及水泥浆用量大，海底泥页岩活跃，稳定性差、破裂压力梯度低并伴随有浅层流体以及气体水合物的形成等，这一系列问题给作业带来了诸多困难。越来越多的海洋地质灾害事件也说明了这一点。超深水钻井过程中可能引起的工程地质灾害因素包括海底滑坡、浅部断层、浅层气、天然气水合物、浅层水流、古河谷、泥穿刺与泥火山、异常高压、埋藏古河道和潮流沙脊等。而能够引起浅层地质灾害的流体主要是海底浅层气、天然气水合物和浅水流这三种。

因此，为避免在超深水钻井作业过程中由浅层地质灾害带来的巨大损失，防范安全事故的发生，确保钻井进程顺利实施，非常有必要在钻井开始之前对井场区域可能存在的浅层地质灾害进行正确的认识和评估。

深水钻井面临的总体挑战主要包括水深、海底低温、浅层灾害、水合物、窄孔隙/破裂压力窗口以及相应的深水井控、环保等问题。深水钻井面临的这些挑战和困难，与浅水钻井相比区别很大，需要特别的技术和手段予以应对。

1.2.1 水深

较大的水深提高了对深水钻井装备及相关设备配套的要求，例如，水深的增加使得浅海中常使用的固定式平台不再适用，普遍需要可移动的浮式钻井平台或钻井船；较大的水深也增加了隔水管等相关管材的用量，增加了载荷，需要更为大型的钻井平台或装备；深水钻井的作业环境与浅水及陆地相比更为恶劣，这就需要更为昂贵的作业费用和更高的可靠性要求；深水钻井需要额外的精密、灵活和智能的水下装备及工具，以方便水下操作和施工。

1）张力影响

深水隔水管壁的增厚和长度的增长导致其重量大为增加，并且连接状态下须维持系统稳定性、减小隔水管曲率、限制挠性接头转角以及抑制涡激振动（vortex induced vibrations，VIV），这些都要求对隔水管施加较大的顶张力。但是，加大张力会带来下述一系列问题：

① 张力系统应具备更高的承载能力，可能要求增加张力器数量或启用高级别钻井系统。

② 隔水管轴向应力随之增大，对管壁强度提出更高要求，并且可能加速疲劳裂纹扩展。

③ 高的隔水管顶张力增加了控制回弹及随后悬挂操作的难度。

解决前两个问题的直接方法是增加浮力装置，一般包括低密度材质浮力块和空气室两种：一方面，浮力装置提供的浮力能够抵消大部分系统重量，将张力装置的负荷降低到承载能力范围以内；另一方面，浮力装置遍布隔水管大部分长度，可以改善局部力学性能，从而避免局部应力过大。布置和安装浮力装置时须注意：由于浮力块外径加大，应避免安装于高流速区域，防止造成额外拖曳力；带浮力块的单根尽量位于波浪作用区以下，可减小隔水管上的侧向载荷，增大悬挂作业窗口；交错布置带浮力块的单根与裸单根有助于减轻隔水管 VIV。至于隔水管系统断开后的反冲问题，试图在断开之前减小顶张力的做法是不现实的，这样将导致隔水管曲率增大以及隔水管下部总成（lower marine riser package，LMRP）受损。需要采用防回弹系统控制可能的过大轴向加速度，使隔水管系统以可控方式上升，从而避免各种损伤的发生。

2）钻井船定位问题

随水深增大越来越趋向于使用动力定位钻井船，但由于动力中断、推进器故障或恶劣海况造成的定位失效却时有发生，钻井船“随波逐流”而偏离预期位置。即使偏离程度不大，也容易导致隔水管顶部球铰和底部挠性接头角度超过允许范围，从而引发接头邻近的隔水管严重磨损。若平台偏离程度加大，必须及时将隔水管从底部断开，避免隔水管系统以及井口系统受损。在这种紧急断开的情况下，除了会发生以上提及的反冲问题，对断开之后的隔水管悬挂也须进行深入的研究。

3）隔水管悬挂问题

海上钻井作业中如果遇到风暴或其他恶劣天气，应尽量对隔水管进行计划脱离并回收。但风暴的形成和发展往往是人们始料不及的，而完全回收深水隔水管系统则需要几天时间，时间上根本不允许。这种情况下，应尽量多回收单根，将有助于改善悬挂隔水管柱的轴向运动性能。

深水钻井隔水管悬挂的困难主要来自系统空气中重量与水中湿重的差异，悬挂状态下浮力块的存在也起了负面的作用，安装有浮力块的隔水管单根水中重量只有几百磅,全部隔水管以及 LMRP 的水中重量之和与它们在空气中的重量相差将近一个数量级。此重量差异降低了隔水管在水中的自由下沉加速度,大风浪条件下钻井船向下的升沉运动可能比隔水管快,此时钻井船推挤隔水管造成隔水管顶部的压缩。一旦出现严重的动态压缩,一方面会导致隔水管的局部屈曲失效,增加隔水管弯曲应力,另一方面也增大了隔水管上部碰撞月池的风险。随着回收单根数量的增加,隔水管悬挂性能将大为改善。

4) 高流速影响

深水环境中海流速度一般较大,随之产生一系列不利影响,包括增大隔水管拖曳力、造成隔水管 VIV、加大钻井船定位难度以及限制隔水管起下作业窗口等。大流速条件下,一方面随拖曳力的增大,隔水管弯曲和变形加剧,加大了管壁发生磨损的可能性;另一方面深水大流速环境下隔水管 VIV 更易发生。其造成的主要危害有:① 加剧隔水管及辅助管线的交变弯曲应力,造成严重疲劳损伤,危及隔水管系统完整性;② 振动隔水管扰乱了其周围的水流,导致拖曳力增大,增幅可达 2 倍以上。此外,大流速将导致钻井船定位困难,隔水管的起下作业随之受到影响。

1.2.2 海底低温

在深水、超深水钻井作业中,由于隔水管受海水冷却段较长,从井底出来的高温泥浆或完井液、地层流体等冷却的过程或时间相应加长,性能不易控制。海底低温能迅速引起井下钻井液黏度、胶凝强度上升,钻井液触变性显著变化,加之深水海域节流管线、压井管线很长,其中的压力损耗相当大。特别对于油基泥浆(oil-based mud, OBM)钻井液体系,这些影响更加突出。另外,深水钻井中温度变化会对钻井液密度产生影响。研究表明,深水钻井中,井眼内的钻井液密度通常大于井口的钻井液密度;最大钻井液密度出现在海底泥线处;井眼内钻井液液柱压力的当量密度大于井口的钻井液密度。

由于深水压井节流管线较长,在海水低温的情况下,钻进液易产生凝胶效应,致使管线内的钻井液静切力增大、黏度升高,影响关井套压的准确读取,从而加大了节流管线压力损失,使得深水井控更加复杂。

1.2.3 浅层气及浅水流

1.2.3.1 浅层气

浅层气(shallow gas)通常指海床底下 1 000 m 之内聚积的气体,其有时以含气沉积物(浅层气藏)存在,有时以超压状态(浅层气囊)出现,有时直接向海底喷逸。有的文献称之为载气沉积。浅层气是深海油气开发中一种危险的灾害地质类型。它们尚未形成矿床,却具有高压性质,会引起火灾甚至导致整个平台烧毁。地层含气还会降低沉积物的剪切强度,影响钻井工程。

浅层气对海洋工程的危害性体现在以下几个方面:

① 含气沉积抗剪强度和承载能力比相应的沉积物要低。一般说来,气体增加导致孔压增大,同时抗剪强度减小,从而易引起灾害事件的发生。

② 导致地层承载力的不均匀。不论是浅层沼泽气还是深部石油天然气,其不均匀分布引起含气区内部本身的承载力不同,与周边未发育浅层气区的地层承载力亦不同,可造成海洋工程尤其钻井平台桩腿的不均匀沉降,使平台倾斜甚至翻倒,其后果将不堪设想。

③ 气体释放导致的破坏作用。当钻入载气沉积或由于载重过大引起沉积层崩裂时,会引起气体的突然释放,从而对管道和平台产生破坏作用,特别是高压浅层气释放时甚至可以引起燃烧,造成生命及财产损失。1975 年墨西哥湾的一座钻井平台当钻至海床下 300 m 时遇浅层高压气囊,气体喷发引起火灾,平台和一批仪器设备全部毁坏。北部湾的湾 3 井,钻遇浅层高压气囊致猛烈喷气,所幸因措施得当而避免了事故的发生。

④ 预防不到位、认识不足导致事故发生。由于浅层气体积小难以预测,且层位浅,常常突然出现;压力高,一旦井喷,能使井眼迅速卸载,致使所有的钻井液喷出,继而失去一次井控的机会;层位浅,使报警信号反应的时间短,天然气可能在几乎没有报警的情况下到达井口;深水的浅层气通常压力都较高,表层地层一般是薄弱地层,若在安装隔水管情况下发生井喷,不能强行关井,易憋裂地层,使之失去控制,造成井喷、爆炸起火、烧毁钻机;若没有装隔水管,则气体会呈漏斗状向上快速膨胀、扩散,影响范围较大,后果同样严重。浅井段钻进时,井口的控制装置较少,施工人员对浅层气危险性认识不足,也是引起事故的重要因素之一。

1.2.3.2 浅水流

浅水流(shallow water flow)是指海底沉积物中有机质分解的甲烷气体或地层深部油气运移产生的高压气层以及快速沉积产生的高压盐水层。国外深水研究表明,浅层气和浅层水可能单独存在,也可能混合存在,但以浅层水为多,通常称之为浅水流。

浅水流出现在深水(水深 400～2 500 m)超压、未固结砂层中,是深水油气勘探开发中常遇到的地质灾害问题。深水钻井在沉积层顶部钻遇细粒沉积砂层,沉积砂层压力非常高,以至于在井孔内产生强烈的砂水流,从而导致钻井的巨大损失。这一现象通常发生在海底下较浅(泥线下 250～1 200 m)的深度范围内,因此这种高压砂层现象称作“浅水流”。浅水流易发生在砂体疏松未固结,具有较大的孔隙度和渗透率,由低渗透的泥或泥页岩覆盖,产状有一定的倾斜,规模上有一定的体积,足以产生大量砂水流的地质环境中。

浅水流在 1985 年才首次被报道。根据 Fugro Geo service 公司早些年的研究报告,大约有 70%的深水井曾经遇到过浅水流问题。墨西哥湾 122 口深水井统计表明,只有 26 口井没有浅水流问题,96 口井要克服浅水流诱发问题达到工程目的。据报道,在南里海、挪威海和北海也都发现了浅水流问题。

1）浅水流的形成机制

浅水流的发生有三个主要的条件：砂质沉积物、有效的封闭层和过高压。从目前的研究来看，对浅水流的形成机制比较一致的认识是认为机械压实作用不平衡导致了砂层出现过高压而形成地质灾害。也就是说，如果页岩和泥岩上部的沉积速率非常快，可造成其载荷的快速增加。分散包裹在页岩和泥岩内部的砂体在不断加大的载荷作用下需要往外排出水分，但是由于周围被低渗透率的页岩或泥岩包围，其排水受到了阻碍从而造成孔隙压的增大，同时降低了颗粒之间的有效压力，使沉积颗粒接近悬浮状态。由此可见，浅水流本质上就是出现异常高压的地下砂体。综合前人的研究成果，浅水流层中异常高压除上述最主要的机械压实作用不平衡导致以外，还可能有以下几种形成机制：

① 成岩作用引起的黏土脱水作用和蚀变。蒙脱石是黏土的重要组分，颗粒之间包含了相当数量的水分。在 65～120℃的温度下，蒙脱石在钾长石的催化作用下开始脱水转变成伊利石。这个过程将蒙脱石中的层间水释放到孔隙中成为自由水，造成孔隙压力的增加和有效应力的减小。

② 浮力作用。如果砂体中的水全部或部分被油气取代后，由于油气的密度比水小，在浮力作用下造成孔隙的膨胀，从而使储层内的孔隙压力增加。这种机制的主要影响因素是油气的密度、油气柱的高度和孔隙水的密度。

③ 构造抬升或侵蚀。如果地层遭受快速抬升和侵蚀，同时由于封闭性较好，仍保持着其内部的孔隙流体压力，那么也会造成该深度处的异常孔隙压，在南美的奥里诺科河三角洲、委内瑞拉、特立尼达岛、苏门答腊岛和加利福尼亚都有这种现象的出现。

④ 水热压力。水热增压现象是指由于孔隙流体的热膨胀系数比周围岩石骨架的高，因此当地层被掩埋并封闭较好时，随着温度的升高孔隙流体膨胀导致异常高压。在深水环境下，浅水流的存在形式较为复杂，一般体积较小难以预测；而且浅水流所处的层位浅，常常突然出现，使报警反应时间短，并可能使浅水流在几乎没有报警的情况下到达地面。浅水流的压力一般较高，一旦井喷，能使井眼迅速卸载，使所有的钻井液喷出，继而失去井控的机会。在产生浅水流的情况下，由于深水表层地层薄弱，一旦发生井喷，还不能强行关井，关井易憋裂地层，使之失去控制，造成更大的井喷、爆炸起火、井口塌陷、钻机烧毁等事故的发生。

2）浅水流对钻井工程的影响

许多情况下，由于在浅井段钻进时，一般施工作业人员对浅水流危险性认识不足，所以更易于引起事故。浅水流对钻井工程的影响包括以下几个方面：

① 浅水流可能产生关联漏失。浅水流流出地层后引起浅水流圈闭系统的压力降低，井壁就会垮塌，从而引起关联漏失。危险性评级为高。

② 井筒腐蚀、完井不好。浅水流当中有的含有高腐蚀性矿物，其与井筒接触后就会腐蚀井筒，给作业和生产带来一系列的问题，进一步会影响到后来的完井问题。危险性

评级为中。

③ 基底不稳定性。大量的浅水流涌出后就可能引起基底以下的地层垮塌，最终会破坏基底的稳定性，从而引起井口下陷的事故。危险性评级为极高。

④ 气体水合物。浅水流中可能会携带气体水合物进入井中，从而引起井口、防喷器、隔水管和压井阻流管线堵塞。危险性评级为极高。

⑤ 井眼报废。严重的浅水流会造成井口塌陷或者持续井涌数月之久，最终造成井眼报废。危险性评级为极高。

⑥ 影响固井质量。很多浅水流中含有气体水合物，如果固井水泥浆类型选择不当就可能影响固井质量或导致固井失败。危险性评级为中。

1.2.3.3 不稳定的浅地层

海床不稳定性在某些地方表现为海底滑坡。尽管斜坡越陡不稳定风险越大，但是目前发现的海底滑坡主要见于坡度低于 2°的斜坡。作为钻井风险评估基础研究的一部分，海底不稳定性从短期或长期来看都值得认真考虑。

深水海床的地质状况有许多不稳定因素，其中包括斜坡滑塌、地质疏松和流动泥浆等对钻井不利的情况。一般遇到深水松软海床会产生大量问题。更重要的是水下机器人对海底能见度的要求。因为水下机器人在前期深水井段中起着很重要的作用，所以必须对海底能见度予以评估，以保证井口和井口基盘的稳定性。深水固井过程要保证对疏松地层的影响最小，对冲洗隔离液的要求较高，一般需要采用具有层流效果的冲洗隔离液，以保证井眼稳定。

1.2.4 水合物

深水钻井遇到的主要问题之一是浅层含气砂岩引起的气体水合物的生成。气体水合物是在适当温度和压力条件下水分子以氢键相连，形成笼型结构，气体分子被包被其中而形成的类似于冰的固体物质，可稳定存在于低温、高压条件下。

水合物一旦在钻井液循环管线中生成，即可堵塞气管、导管、隔水管和海底防喷器等，从而造成严重的事故，并且一旦形成水合物堵塞，则很难清除。另外，1 m^3 的天然气水合物在分解时可以产生约 170 m^3 的天然气及一定量的水，这种天然气(当然可能还有其他气体)的大量释放可引起隔水管爆裂，对钻井安全及深水钻井作业的顺利进行构成威胁，并会导致灾难性后果。

从水合物预防和处理方面来看，水下防喷器系统的设计风险有以下几点：

① 整个系统类似一个巨型冷却设置。

② 闸板式防喷器靠压力维持关闭，没有任何设备可预防天然气或水合物晶体在闸板空腔内移动、阻塞，进而堵塞防喷器，无法完全重新打开。

③ 对于在役防喷器，由于压力完整性问题，难以再安装用于保护空腔的化学剂注入口。

④ 防喷器本体与阀口之间的直径和流径变化将会加快流体流动，增大天然气与泥浆之间的接触，导致流体温度骤降。

⑤ 在 LMRP 位置的纵向或横向膨胀弯管相当于泥浆气混合装置和冷却装置，这种布置也会妨碍用于清除堵塞的任何工具或管柱进入。

⑥ 压井和节流管线连接器几何形状，特别是公母螺纹连接器之间的空隙，也可能为水合物阻塞和生长提供空间。

深水钻井中常采用合成基钻井液，并在其中加入含 30% $CaCl_2$ 的水相或采用浓度为 20%以上的 NaCl/聚合物水基钻井液，以阻止气体水合物的生成。

国外的试验和实践表明，在对泥浆的流变特性和漏失特性影响不大的情况下，乙二醇衍生物、乙二醇衍生物的混合物、盐类与醇的混合物等抑制剂可有效抑制泥浆中水合物的形成，泥浆中的膨润土对水合物的形成也有影响。

常用的盐类抑制剂有 NaCl、$CaCl_2$、NaBr、KCl，其中 NaBr 与 NaCl 的抑制效果相当。泥浆中盐的浓度对水合物的抑制效果有决定性影响。

在 OBM 中，水合物的形成主要受水相中盐的成分控制。由于气体在油相中有较高的溶解度，所以水合物的形成速度较水基泥浆(water-based mud，WBM)要快。

水合物抑制剂抑制水合物形成的压力、温度范围大约在 9 MPa、2℃(或更低)到 55 MPa、27℃之间。乙二醇衍生物、乙二醇衍生物的混合物、盐类、盐类与乙二醇衍生物的混合物抑制剂对水合物有较好的抑制效果。各种抑制剂的抑制效果相比，乙二醇衍生物的混合物好于纯乙二醇衍生物，而这两种又好于纯盐类。盐类抑制剂的抑制效果相比，在质量摩尔浓度基础上，$CaCl_2$ 好于 NaCl 和 NaBr；在重量浓度基础上，NaCl 最好，其余依次为 KCl、$CaCl_2$、NaBr。水合物抑制剂在 OBM 中的抑制效果一般比在 WBM 中的抑制效果差。

化学抑制法不可行时，只有有限的预防水合物形成方法在物理上是可行的，包括：a. 阻止和避免水、气体的生成和聚集；b. 保持压力低于水合物形成压力；c. 保持温度高于水合物形成温度。

1.2.5 孔隙压力与破裂压力安全窗口窄

一般来讲，特定深度岩石的破裂压力随着上覆岩层压力的增加而增大。随着水深的增加，上覆岩层压力被海水水柱静水压力代替，岩石破裂压力随着水深的增加而减小，特别是在海底表层，破裂梯度几乎为零。随着水深的增加，海底沉积物越厚，海底表层沉积物胶结性越差，这就导致大量的力学问题，使得发生井漏的概率非常高。

加上钻井液的影响、低温下钻井液的黏度变化等因素，使得地层难以形成有效的支撑，容易发生钻井液损失、井涌、卡钻、井眼垮塌、需要下多层套管等复杂情况。

地层破裂压力窗口窄，即地层孔隙压力和破裂压力的间隙很小，很难控制钻井液密度安全钻过地层。如果深水钻井所用的钻井液密度太小，钻井液柱压力小于地层孔隙压力，将导致地层流体侵入井眼，带来一系列的井控问题；如果钻井液密度太大，钻井液柱压力超过地层破裂压力，将导致地层压裂、坍塌，从而出现卡钻、井径扩大、钻井液漏失、洗井困难等问题，使钻井作业十分困难。20 世纪 90 年代在国外发展起来的双梯度钻井技术，可较好地解决此类深水钻井复杂问题。

狭窄的孔隙压力和破裂压力梯度窗口是深水钻井的一大难点。为了克服这个难点，可采取以下措施：

① 多收集邻井资料，进行详细的地质勘探，准确预测地层孔隙压力和破裂压力。

② 钻具组合中加装随钻压力测量装置之类的井底压力实时监测设备，对地层压力进行实时监测。

③ 尽可能使用合成基钻井液，预备足够的备用泥浆和堵漏泥浆。

④ 准备备用的套管层次，尽可能采用大井眼钻进，一旦未能钻达预定的井深，则增加备用的套管层次。

⑤ 固井作业尤其是表层套管的固井作业，要考虑浅水流、浅层气、水合物引起的地层疏松易垮塌等影响。

1.2.6 深水井控

由于深水钻井安全钻井液密度窗口狭窄，使得深水井控中各种变量的余量较小，而且在很多情况下如果超过了这些余量，其后果将比常规水深下的相似情形要严重得多；并且深水钻井中压井/节流管线较长，其循环压力损耗(摩阻)比较大，且深水地层承压能力低，压井时要考虑这部分压力损耗，防止压漏地层等事故的发生。

深水井控不同于陆地和浅水井控，在井控作业中会遇到许多困难或挑战，主要表现在以下几个方面：

1) 溢流的早期发现相对困难

在深水当中，平台(船)的升沉与摆动会引起流量和泥浆池体积的波动，影响指示器的准确度，给溢流的早期发现带来了难度。

2) 较低的地层破裂压力梯度

地层破裂压力梯度一般来说是随井深而增加的，但在深水中，相同井深的破裂压力梯度比浅水小，其原因是由于随着海水的深度增加，在同样井深条件下海水占据了很大的空间，从而导致上覆盖层应力低。由于海床至转盘面一段距离不存在岩石的基质应力，对于相同沉积厚度的地层，随着水深的增加，地层的破裂压力梯度降低，致使破裂压力梯度和地层孔隙压力梯度之间的窗口较窄，在压井过程中容易压漏地层，从而造成又喷又漏、地下井喷等复杂情况。

由于深水地层破裂压力梯度较低，因此造成了井控作业中的井涌余量、最大允许关井套压和隔水管钻井液安全增量随着水深的增加而减小。

井涌余量(kick tolerance)是指溢流发生后，关井和处理溢流过程中允许达到的最大井内压力的当量梯度密度(ρ_{max})与正常压井钻井液密度(ρ_k)的差值 ($\rho_{max}-\rho_k$)。

井涌余量与地层孔隙压力、破裂压力有关。在深水中，地层孔隙压力与破裂压力窗口窄(相对于浅水)，导致了井涌余量随水深的增加而减小。

3) 压井及节流管线的压耗大

陆地或海洋浅水钻井作业时，节流压井管线长度相对较短，其产生的循环压耗可以忽略。而海洋深水钻井作业时，节流压井管线长达数百米甚至数千米，加上其内径较小，所以不能忽略流体在其中流动时产生的压耗。

在深水井控中，节流管线内摩擦损失将作用于地层，如果忽略节流管线中的循环压耗，采用常规压井方法压井，在保持立管压力不变与不超过最大允许套管压力的情况下控制节流阀，压井不可能成功。

相对于陆地钻井，深水钻井的地面节流压力因为节流管线中压耗的存在而有所减小，减小值即为节流管线中的压耗。若忽略节流管线中压耗的影响，在深水压井时将节流阀的控制回压等同于相应陆地同深度处井控时的关井套压，那么裸眼地层将会额外承受一个等于节流管线中压耗的压力。在压井过程中，这容易造成地层破裂压力梯度低的薄弱地层破裂，从而带来灾难性的后果。

在钻井过程中，钻井液正常的循环路径是经钻具、钻头、环空和隔水管到达平台泥浆池。环空和隔水管内的循环压耗是加在所钻地层上的，并且和钻具内的压耗相比要小得多。

在压井循环时，节流管线内的压力损失是由通过节流管线循环时流体和管壁的摩擦所造成的。在陆地或浅海钻井中，由于其节流管线较短，节流管线内的摩擦压力损失在压井循环时可以忽略不计；但在深水钻井中，却成为事关压井成败的关键因素。

由于地层破裂压力梯度低和节流管线压力损失的影响，在压井过程中特别是在开泵时，很容易造成薄弱地层破裂。

如果溢流体是气体，在气体进入节流管线后，体积迅速膨胀，节流管线压力损失迅速减小，环空压力减小，需要迅速调小节流阀来保持井底压力恒定，增加套压。随着气体从节流管线排出，泥浆进入节流管线，节流管线压力损失增加，环空压力增加，必须迅速打开节流阀来抵消井底压力的增加，减小套压。因此，对于节流阀操作者来说，要做到快速、精确地调节节流阀是有很大难度的，这也是深水井控的难点。

4) 防喷器内圈闭气

由于防喷器组放置在海底，距离地面的井口较远，控制系统的传输距离较远，系统因此需要承受较高的静水压力和较大压差。防喷器控制通常须使用电液控制系统，尤其是水深超过 1 500 m 的超深水作业中，要在防喷器组上设有由水下机器人操作的应急操作盘，以应对深水作业中的紧急情况。

在处理气体溢流时，压井结束后有一些气体会聚积在关闭的防喷器内，称为“圈闭气”。对陆地和浅水钻井来说，这并不是什么问题，因为这部分气体的压力是很小的。然而，在深水钻井中，圈闭气的压力等于存在于节流管线内压井液的静液柱压力，由于节流管线很长，这个压力不容忽视。如果直接打开防喷器，高压圈闭气在隔水管内膨胀上升，到达地面将造成井喷，使隔水管内的钻井液喷出，严重时有可能挤毁隔水管。水越深，圈闭气压力越高，其危害就越大。

1.2.7 环保

由于深水钻井是在海上进行石油开发作业的，一旦发生重大事故，容易造成大规模的海洋污染。因此，任何钻井作业都应该有效地保护深海环境。海洋钻井液要做到无毒，可生物降解，对环境无污染，钻井污水、钻屑和废弃钻井液方可直接向海洋排放。在固井作业施工过程中使用的水泥浆体系及其处理剂要求无生物毒性且具有较好的生物降解性，减少或消除作业排放，使固井作业不至于对海洋生态产生影响，保护存在于深水环境下的深水海底生物群落。

1984 年 3 月 24 日在阿拉斯加水域因石油泄漏造成的悲剧至今让人记忆犹新。油轮“埃克森·瓦尔迪兹”号触礁，数万吨北极原油喷涌而出，倾泻在海峡洁净的水面上。工人们为保护海岸线做了极大的努力，但由于缺少应急的设备，起风时没能阻止住油污的扩散，致使该区的贝类、海獭和海鸟死亡殆尽。

2010 年 4 月 20 日英国石油公司在墨西哥湾发生的深水地平线钻井平台爆炸沉没漏油事件，最终致使 11 名钻井平台工作人员死亡，近 500 万桶原油泄漏，成为历史上较严重的漏油事件和环境灾难，也因此引发人们对海洋油气勘探权和环境问题的反思。

第 2 章　深水钻井装备

在深水进行钻井的装置包括深水浮式钻井平台、带有钻井功能的浮式生产平台和浮式钻井生产储油卸油装置(floating drilling production storage and offloading, FDPSO)。其中深水浮式钻井平台又包括钻井船和半潜式钻井平台,是深水钻井最主要的装备。浮式钻井平台的主要功能包括海上探井及开发井的钻井作业、海上完井作业、海上修井作业和海上安装作业等。

与陆地和浅水钻井相比,深水钻井对装备和技术的要求更高。由于深水钻井平台一般多采用浮式设施,为了适应苛刻的海洋环境,其钻井装备与陆地差异较大。另外,由于深水海底环境和地质条件影响,钻完井的工艺和配套设备上也有一些特殊要求。

2.1 深水钻井装备特殊要求

1) 使用升沉补偿装置

对于浮式平台来说,由于要承受波浪和大风的作用,平台会产生垂直方向上的升沉落差,因此为了保证井底钻压的稳定,必须使用升沉补偿装置。早期的方法是在平台和钻柱之间加一段伸缩钻杆用以补偿。近年来用得较多的是在天车上或游车大钩之间加升沉补偿装置。

2) 转盘开口直径大

因为海上石油钻井用的转盘必须能够顺利通过隔水管和一些水下工具,所以海上转盘的开口直径比陆地上转盘的开口直径大。目前深水钻机中,转盘开口直径 $49\frac{1}{2}$ in (1 in=25.4 mm)和 $60\frac{1}{2}$ in 两种型号应用较多。

3) 钻井包由司钻集中控制

海上钻机的主工作机组采用分组或单独驱动,为了操作方便,由司钻集中控制。司钻控制台上除装有一般的控制手柄外,还装有指示、记录、报警等各种仪表。

4) 安装有井口机械化设备

由于海上钻井作业费用高,因此必须提高钻井效率以减少钻井成本,同时减少钻井工人的劳动强度,这样各类海上钻井平台上都安装有井口机械化设备,此外大多数平台均配有钻杆自动排放系统。

5) 井架及底座存在差异

海洋钻机大多采用塔式井架,井架不用绷绳固定,底面积宽。在半潜式钻井平台和浮式钻井船上，为了安装升沉补偿装置及防止游车大钩摆动，在井架上装有导轨。为适应拖航过程中的摇摆，要求井架结构强度高。

6）配置高性能防喷器

深水钻机配置的防喷器工作压力较高。为适应海洋钻井井深和工作水深的增加，一般选用压力级别较高的防喷器，较多采用 15 000 psi(1 psi≈6 895 Pa)，且防喷器组合方式多为三密封组合和四密封组合的，以保证钻井的安全。

2.2 关键深水钻井装备

下面主要介绍深水特有的一些关键钻井装备。

2.2.1 深水钻机

2.2.1.1 深水钻机的几种形式

目前深水钻机有三种形式：交流变频钻机、液压钻机和双作业多功能塔(dual multi-purpose tower，DMPT)钻机。DMPT 钻机是新型钻机，目前应用较少。

1）交流变频钻机

交流变频钻机的提升系统采用交流变频绞车，在全球深水范围内应用很广。深水钻机设备的功率大，且受到平台甲板载荷和甲板空间的限制，因此目前深水钻机多采用体积小、功率大的交流变频设备。对于深水交流变频钻机，一般采用天车补偿装置或绞车补偿装置对钻柱的升沉运动进行补偿。由于交流变频钻机应用广泛，具有较好的安装、调试、使用、维护的经验，国内“奋进号”“海洋石油 982”“兴旺号”“南海九号”等深水半潜式钻井平台均采用这种形式的钻机。

2）液压钻机

深水液压钻机是一种无钻井绞车的钻机，与传统的钻机有较大差别，液压钻机采用升降液缸替代了钻井绞车，同时升降液缸本身带有钻柱运动补偿装置，所以不需要额外配置升沉补偿装置。深水液压钻机的绞车和提升系统方案简单、结构紧凑、体积小、质量轻，因此在深水应用较多。深水液压钻机有两种类型：一种是 Aker MH 公司生产的 Ramrig 钻机(图 2-1)，另一种是 NOV 公司生产的 Cylinder Rig 钻机。国内深水半潜式钻井平台“蓝鲸 1 号”采用了 NOV 公司生产的 Cylinder Rig 钻机。

3）DMPT 钻机

DMPT 钻机(图 2-2)是一种专门为深水设计的新型钻机(由 Huisman 公司设计制

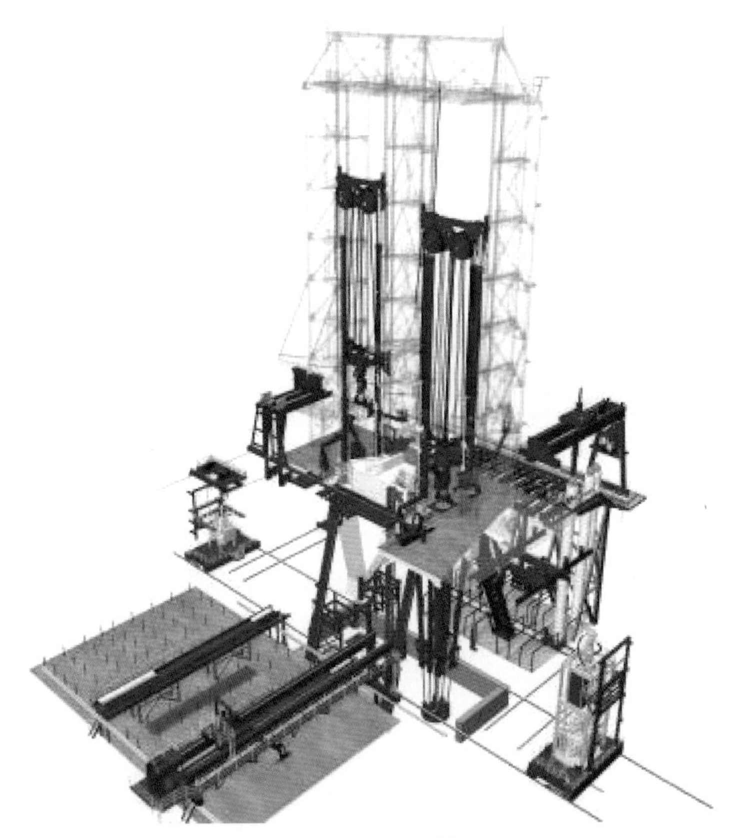

图 2－1　Ramrig 钻机

造），钻机的井架与交流变频钻机、液压钻机均不同，主动补偿绞车放置在井架中间，游动系统、立根盒均在井架外侧。目前全世界仅四条钻井船采用这种钻机。DMPT 钻机的最大特点在于井架为特殊的塔式井架。塔式井架为焊接箱形梁承载结构，塔体占地面积小，两侧各配置一套起升系统。钻机所有主要设备均安装在全封闭的柱塔内部，提升系统没有桁架型井架结构，所以大型设备可不受传统井架 V 形门的作业限制而直接滑移或提升到井口中心。箱形结构为钻井绞车、被动补偿液压缸、压力容器、电控柜及辅助设备提供了封闭空间。DMPT 钻机配置两套起升系统并配备绞车升沉补偿系统，主起升系统侧实现下放防喷器和采油树、起下伸缩节、钻井作业、起下钻柱、下放套管、完井作业等功能，辅起升系统侧实现起下隔水管（不含防喷器下放）、接立根等功能。DMPT 钻机的立根盒为圆形立根盒（多功能塔两侧各一个），立根盒围绕其中间轴旋转，便于管子排放到所有卡槽内。旋转式立根盒邻近 DMPT 钻机安装。DMPT 钻机配备四个排管机，将管子从立根盒垂直移运到井口。

2.2.1.2　深水钻机系统构成与主要设备

深水钻机的主要设备包括钻井绞车、顶部驱动系统、泥浆泵、井架、钻柱运动补偿

图 2-2　DMPT 钻机

器、隔水管系统、防喷器等。

1) 钻井绞车(drawworks)

钻井绞车是钻机最关键的设备,其主要功能为起下钻具、套管、隔水管、防喷器、其他水下器具和处理事故等。钻井绞车的提升能力(最大钩载)是钻机最主要的参数,也是钻机其他设备选配的参照依据之一。

目前,已有多台深水钻机配置主动补偿绞车(active heave drawwork, AHD)。AHD 可以补偿钻柱的升沉运动,具有工作适应性强、升沉精确、重量轻等优点。绞车刹车产生的能量可以重新利用并反馈给钻井电控系统,提高了钻井效率。AHD 可以完成以下工作: 钻井和起下钻、自动送钻、绞车全负荷下主动升沉补偿、主动补偿下放防喷器和隔水管。

2) 顶部驱动系统(top drive system,简称"顶驱")

顶驱是钻机的主要设备之一,其主要功能是旋转钻进、倒划眼、上卸丝扣和悬持钻具。目前深水钻机全部配备了顶驱,所用顶驱主要有两种: 交流变频顶驱和液压顶驱。另外,一些早期的深水钻井平台上配置了 AC-SCR-DC 电动顶驱。相比 AC-SCR-DC 电动顶驱,交流变频顶驱具有以下优点: 电动机效率高;无电刷,防爆性能好,安全性好;体积小,重量轻;可以精确调节工作转速与输出扭矩,零转速时具有全制动扭矩;过载能力强。因此,深水钻机中交流变频顶驱得到了广泛的应用。

3）转盘(rotary plate)

转盘是钻机旋转系统的一部分，深水钻井中由顶驱带动钻具旋转（而不使用转盘旋转钻具）。转盘的主要作用是悬持钻具、管柱。深水钻机的转盘开口直径主要有 49.5 in 和 60.5 in，目前已有深水钻机转盘直径达 75.5 in。

4）泥浆泵(mud pump)

泥浆泵也是深水钻机关键设备。目前，深水钻机大部分配置的是三缸单作用泥浆泵，功率多为 2 200 HP(1 HP=735 W)，其驱动形式普遍采用交流变频驱动。

此外，部分深水钻机配置了 HEX 泥浆泵。HEX 泥浆泵有六个缸套，采用两台交流变频电机驱动，具有流量稳定、超高压、超流量、尺寸小等特点。

5）井架(derrick)

井架的作用是安放天车，悬挂游车、大钩，安装顶驱导轨，存放立根。深水交流变频钻机的井架主要包括瓶颈式井架和塔式井架。井架类型包括单井架、一个半井架和双井架。

此外，深水液压钻机的井架形式与深水交流变频钻机不同，其井架内液缸作为承受大钩载荷的构件，井架本身不承受大钩载荷，仅承受横向力，并且具有固定、扶正起升液缸的作用。如图 2-3 所示，DMPT 钻机的井架与其他两种钻机的井架均不相同，该井架为箱式密封结构。

6）钻柱运动补偿器(drill string compensators)

半潜式钻井平台和钻井船必须配备升沉补偿系统，以补偿钻柱随钻井平台的运动。升沉补偿系统分为被动补偿型和主动补偿型。深水钻机用的升沉补偿方式包括游车型升沉补偿、天车型升沉补偿、主动补偿绞车和液压升降型钻机的补偿系统，其中天车型升沉补偿器最常见，如图 2-4 所示。

7）固控系统设备

固控系统主要包括刮泥器、振动筛、除砂器、除泥器、除气器、离心机、岩屑干燥器、岩屑传输装置等设备。

8）配浆设备

配浆设备包括袋装切割机、配料漏斗、缓冲罐、化学药剂添加橇、混合泵等。一般深水钻机的配浆装置成橇设计制造。

9）隔水管系统

海洋钻井隔水管是一条从海洋钻井平台（或钻井船）通往海底防喷器的液体输送管道。它主要用来隔离外界海水，用于钻井液循环、安装水下防喷器、支撑辅助管线以及起到钻杆、钻井工具从钻台到海底井口装置的导向作用。

海洋钻井隔水管系统通常由海洋钻井隔水管单根、节流/压井管线、辅助管线、隔水管短节、卡盘、万向节、分流器、伸缩接头、张紧环、终端适配器、挠性接头、填充阀等主要部件组成。

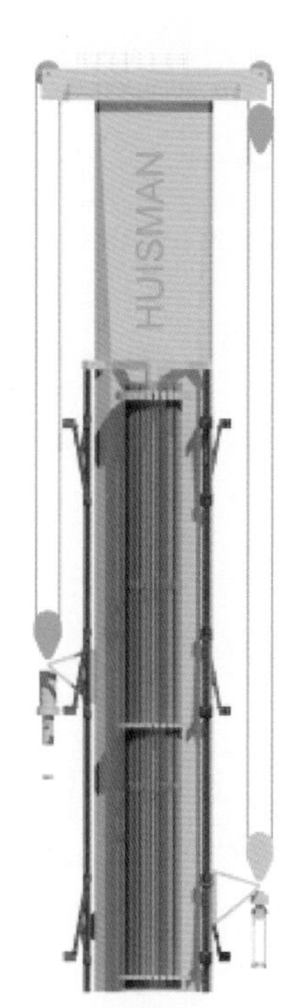

图 2-3　DMPT 钻机的双井架

图 2-4　天车型升沉补偿器

10）节流压井管汇

节流压井管汇具有压井和节流功能。节流管汇在可控速率下泄放井内的压力或完全停止流体的流动；压井管线的主要功能是在井控操作期间，在防喷器关闭状态下向井内或环形空间泵入钻井液。

节流管汇的高压端和压井管线的工作压力，与防喷器组的额定工作压力相同。使用泥浆泵、固井泵将泥浆增压至防喷器组额定压力，通过节流压井管汇进行压井。节流压井管汇能把从节流管汇来的泥浆引向固定安装的泥浆气液分离器，还能把节流管汇来的泥浆通过固定管路直接引向舷外。

11）水下防喷器组

水下防喷器组位于水下，用于作业过程中关闭井口，防止井喷事故发生。防喷器组包括井口连接器、闸板防喷器、万能防喷器、隔水管连接器和下部挠性接头，此外还应配置事故安全阀、安装在 LMPR 的试压阀，配置传感器监控防喷器组上的井内压力和温度，配置水下机器人应急面板、防喷器组框架（防喷器组底部导向喇叭口、下部框架和 LMRP 框架）、连接器试压装置。此外，深水防喷器还应配置应急回收防喷器的工具，在试压泵的帮助下，具有在防喷器内孔注入防冻液的功能，配置试压钻杆。

闸板防喷器又分为半封闸板、全封闸板和剪切闸板等。防喷器控制系统为地面设备，其控制装置及系统布置在平台上的控制室内。MUX电液控制系统的控制电缆及备用缆用布置于主甲板的控制缆绞车进行下放回收，实现防喷器的水下控制。

水下防喷器组从结构上分为下部隔水管组和防喷器组两部分，详细介绍见本书2.3.3节。

目前深水防喷器组配置的通径均为476.25 mm，额定工作压力为105 MPa或140 MPa。压井/节流管线的尺寸为103.187 5 mm$\left(按美国石油学会规范，折合4\frac{1}{16}\text{ in}\right)$，压力等级与防喷器组相同。

一般深水钻机配置2个万能防喷器和6个闸板防喷器。第七代深水半潜式平台工作水深为3 660 m，钻井深度为15 250 m，因此可考虑采用7个或者8个闸板防喷器，以提高作业安全性。

2.2.1.3　深水钻机选型设计

进行钻井系统设计，首先要确定设计基础。设计基础主要包括以下几个方面：

1）作业水深

半潜式钻井平台的设计作业水深为最重要的设计基础之一，隔水管、防喷器组、防喷器控制系统等相关钻井设备按照此参数配置。

2）环境条件

环境条件包括风、波浪、海流、环境温度，其中风对主甲板以上的设备如井架、钻台、折臂吊、隔水管吊机、防喷器行吊等的设计有影响，波浪、海流主要影响到隔水管设计。

3）钻井平台功能

半潜式钻井平台功能一般为钻井、完井、测试、修井、水下安装等，如果重点考虑某些功能或弱化某项功能，则在钻井系统配置上有所变化。

4）钻井系统主参数

一般将钻井深度（或大钩载荷）作为钻井系统主参数，此外甲板可变载荷也可作为钻井系统主参数。

5）定位方式

半潜式钻井平台定位方式包括锚泊定位、动力定位、动力辅助的锚泊定位等，动力定位方式对平台隔水管解脱设计有影响。

6）自持能力

平台自持能力对可变载荷、舱室容量的设计有影响。

7）平台运动响应

作业工况、生存工况、极限工况下平台运动响应也是钻机设备设计的输入条件，例如井架设计和强度校核必须考虑这几个工况下的钻台加速度。

2.2.1.4　深水新型钻机

除了深水半潜式钻井平台和深水钻井船外，国外还开展了一些新类型钻机的研究，其主要目的是降低深水钻井费用、增大钻机作业的环境窗口。

1）海底钻机

20世纪90年代国际上开始提出海底钻机的概念。2001年，壳牌公司、英国石油公司和英国贸工部资助英国Pipistrelle公司，开展了海底钻井的前期研究，提出了初步设计方案。2003年，英国Maris国际公司完成了海底钻机的初步可行性研究，提出了较为详细的海底钻机具体方案。2005年开始，挪威Robotic Drilling System公司也开始设计研发海底钻机系统样机，2010年完成试验样机试制，其代表了国际上海底钻机研制的最高水平。

Robotic Drilling System公司的海底钻机由上、中、下三个单元及辅助部分组成，长、宽分别约10 m，高约30 m，采用了模块化设计。Robotic Drilling System公司的海底钻机不仅完成了所有的设计，还试制出样机，在2010年开展了样机的起下钻试验，并且进行了样机关键单元的水下测试，该公司的海底样机已经非常接近现场实际应用，如图2-5所示。

图2-5　海底钻机样机

（1）上部单元

包括井架、顶驱、管子处理系统、起下装置和管子排放区。管子处理系统可从管子排放区取钻杆。

(2) 中部单元

结构主要分为三部分：一是功能结构，二是管子处理系统的承载结构，三是连接结构。铁钻工、机械手、卡瓦等井口操作工具均放置在中间单元内，钻井系统中最关键的泥浆净化装置以及泥浆泵也均放置在中间单元内，其中泥浆泵也可直接放置在海底。

(3) 下部单元

包括底座、下部结构和防喷器组。其主要作用是固定在海底，并且给上面的单元提供支撑。下部单元的最下部有导向装置，可将下部单元打桩固定在海底。下部单元的上面具有导向销，可固定中部单元模块。

防喷器系统是一个标准的海底防喷器，位于钻机的封装体积内，使用的是同样的安全保障系统。

(4) 其他设备

除了以上设备外，还有钻井液罐、岩屑收集盒等，均放置在海床上，通过管线与海底钻机模块连接。此外，海底钻机必须配置一个远程遥控的水下机器人，完成水下管线、电缆之间的连接和测试。

2) 獾式钻探器(badger explorer)

獾式钻探器是一种无钻机的井下自动钻探器，长 30 m 左右，其不需要钻机钻孔，而是靠自身工具向前钻进，钻出的岩屑向上输送掩埋钻探工具。钻探器的动力通过电缆输送，自身携带地层测试仪器，监测地下地层情况并通过电缆将其向上传输。1999 年，挪威科技人员首次提出了獾式钻井的概念，这种无钻机钻井方式可在很大程度上解决深水、极地等特殊复杂区域探井所面临的难题。2003 年挪威成立了獾式钻探器公司，2005 年正式启动獾式钻探器样机的研发计划；2011 年成功研发出獾式钻探器的样机，进入室内地表全尺寸自掩埋试验阶段；2014 年完成钻进 100 m 的试验。

目前研制的獾式钻探器的功率约 10 kW，设计钻深能力为 3 000 m。其操作非常简单，接通电源后，靠其自身重量开始自动钻进。獾式钻探器是一次性的，一旦开钻，就无法起钻，因为上方井筒被压实后的岩屑所充填。钻达目标后，獾式钻探器将一直留在井底，继续监测地层参数。

獾式钻探器主要由以下几部分组成：

① 钻头。獾式钻探器采用一种特殊的自清洁钻头。

② 防钻头失速及钻压控制装置(增压单元)。

③ 井下电动钻具和减速器。用于驱动钻头旋转所需的电力由地面或海底通过电缆供应。

④ 导向装置(上、下各一个导向锚定装置)。

⑤ 有线随钻测井和控制系统。

⑥ 电缆存放及施放装置。用于存放和随钻施放数据电缆和电力电缆。

⑦ 岩屑传送和压实系统。将岩屑输送到獾式钻探器顶部,压缩岩屑并挤入上方的井筒和地层裂缝中,及时充填井筒和封固井壁。

獾式钻探器可以用于深水作业中,可大幅降低海上钻井作业费用。獾式钻探器最初研发的主要目的就是要在海上应用,避免使用日费率高昂的钻井平台,从而大幅降低海上探井的费用。在海上可通过一艘工作船来安装钻探器,并且需要借助水下机器人安放钻探器到海底的井口位置。考虑到獾式钻探器的钻井作业特点,獾式钻探器在海上作业时,必须有一座带有升沉补偿吊机的工作船,工作船要能够下放獾式钻探器、给钻探器提供电力、具有控制系统和数据传输系统,工作船上还应配置有水下机器人。

獾式钻探器没有在海上进行过钻井试验,但是国外已经开展相关设计工作。挪威的 Badger Explorer ASA 公司和 NeoDrill 公司联合攻关研制出一套导管吸力锚安装系统,该系统类似于常规水下井口钻井的海底基盘,獾式钻探器可通过该系统在海上进行钻井工作。

2.2.2 隔水管系统

2.2.2.1 隔水管系统组成

海上隔水管系统是井筒从防喷器组至钻井船的延伸,是连接海底井口与钻井船的重要部件。其主要功能如下:正常钻井条件下在隔水管环空建立防喷器与钻井船之间钻井液的往返通道;支撑辅助管线,如高压节流与压井管线、泥浆增压线和液压管线;从钻井船至海底井口之间引导钻具;提供一个在海面与海底井口之间下放与回收井口防喷器组的手段和载体等。

典型钻井隔水管系统包括以下几部分。

1) 分流器系统

分流器系统通常直接安装在转盘下。如图 2-6 所示,分流器装置锁定在一个内置壳体内。上部挠性/球形接头通常紧接着安装在分流器装置的底部,是钻井隔水管系统最上端的组件。

当进行表层钻井时,如果有必要可采用隔水管,使用重泥浆,以提供过平衡。此阶段尚未安装防喷器,一般情况下 30 in 或 36 in 的表层导管和套管还缺少关井所需的足够压力,如果发生溢流井喷,隔水管将把侵入的流体通过分流系统导出。

2) 挠性/球形接头

挠性/球形接头用于使隔水管和防喷器组之间产生角位移,从而减小隔水管上的弯矩。此外,还可用于隔水管的顶部,便于适应钻井船的运动,缓解隔水管顶部的弯矩。在某些情况下,这种接头还可以安装在伸缩节以下隔水管柱的中部,用以减小隔水管的应力。挠性接头(图 2-7)的旋转刚度使其在控制隔水管角度时比球形接头更有效。

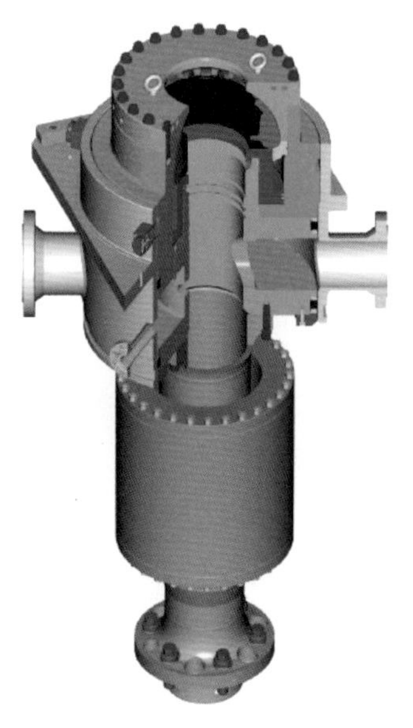

图2-6　分流器

图2-7　挠性接头

(1) 挠性接头

挠性接头的挠曲件通常为球形钢环组之间的弹性材料,可以实现挠曲和压力密封。有些设计提供了易拆卸式抗磨补芯联顶台肩,还有些设计提供了耐磨环,后者在挠性接头定期大修时可予以更换。

(2) 球形接头

球形接头由锻制钢球和含有一段筒颈延长的承窝组成,筒颈一端与隔水管异径接头相连。钢球和承窝采用了密封件,密封件内含有钻井液。多数设计采用可更换的耐磨环或抗磨补芯。

3) 伸缩节

伸缩节如图2-8所示,由一个外筒和一个内筒组成。外筒连接于海洋隔水管组的顶部单根,为隔水管张力负荷提供结构性支持。内筒连接于转喷器总成的球铰。隔水管张力绳连接于外筒的可回转张力绳或者液压张力绳,可绕外筒旋转。伸缩节的特征及作用如下:安装于隔水管的顶部;补偿钻井船的升沉运动;为隔水管辅助管线至钻井船柔性软管提供终端;提供隔水管张力系统的附属点;伸缩节冲程长度为45～65 ft (1 ft=0.304 8 m)。在环境相对温和的浅水区域,45 ft的冲程长度已经足够;而在环境恶劣的深水区域,要求65 ft的冲程长度。

4) 隔水管单根

隔水管单根如图2-9所示。由于深水钻井的防喷器一般安装在泥线附近,其上隔水管主管属于低压设备,正常情况下高压流体不会进入隔水管内部,因此隔水管主管的

图 2-8　伸缩节

图 2-9　隔水管单根

承压能力并不高，内压额定值(internal pressure rating)远小于防喷器的工作压力，但是不能低于分流器系统的工作压力，加上隔水管内部钻井泥浆与外部海水之间存在压差，隔水管主管应具有足够的强度，能够经受来自波浪、海流、施加的张力，钻井船运动及钻井液重量等的综合负荷。

隔水管采用的钢级是 X52、X65 和 X80，其中数字代表各钢级的最小屈服强度(单位：ksi)。目前用得最多的是 X80 钢，其屈服强度为 80 ksi($1\ ksi=10^3\ psi\approx 6.895\ MPa$)。隔水管单根的长度范围一般为 50～75 in。隔水管壁厚尺寸为$\frac{1}{2}$ in、$\frac{5}{8}$ in、$\frac{11}{16}$ in、$\frac{3}{4}$ in、1 in 和 $1\frac{1}{4}$ in。

由于深水环境压力较大，因此，如果深水钻井隔水管发生掏空的现象，隔水管就存在被压溃的风险。安装隔水管填充阀可以预防当隔水管内流体因突发状况，液柱面急剧下降时可能导致的隔水管挤毁。

隔水管单根是大直径、高强度无缝或电焊管（隔水管主管），两端各焊有一个接头，以实现与其他隔水管单根的连接。下入隔水管系统时，在钻台上将各隔水管单根接合在一起，然后下放至水中。隔水管单根上端的母接头或公接头通常具有一个台肩。该台肩（或称为"隔水管支撑肩"）悬挂在隔水管卡盘后，能够支撑海上隔水管和防喷器组的负荷。

隔水管下面要跟防喷器连接，因此隔水管主管的尺寸一般与特定防喷器组的尺寸一致。一般情况下防喷器内径和隔水管外径的配合关系见表2-1。

表2-1 防喷器内径和隔水管外径的配合关系

防喷器内径/in	配套常用隔水管外径/in
$13\frac{5}{8}$	16
$16\frac{3}{4}$	$18\frac{5}{8}$
$18\frac{3}{4}$	20或21
$20\frac{3}{4}$	22或者24
$21\frac{1}{4}$	24

5）隔水管接头

美国石油学会（American Petroleum Institute，API）规定的隔水管接头等级和额定载荷见表2-2。常见的接头形式包括以下几种：

表2-2 API规定的隔水管接头等级和额定载荷

API隔水管接头等级	额定载荷/($\times10^6$ lb*)
Class A	0.5
Class B	1
Class C	1.25
Class D	1.5
Class E	2
Class F	2.5
Class H	3.5

*：1 lb=0.453 6 kg。

(1) Clip 接头

通过局部旋转一个构件锁定在另一个构件上的一种接头。

(2) 法兰式接头

具有两个螺栓连接法兰的一种接头。

(3) 夹套式接头

具有开槽圆柱件，连接配合构件的一种接头。

(4) 卡子形接头

将卡子作为楔子，楔入套和销之间的一种接头。

(5) 螺纹式接头

通过相匹配的螺纹来衔接的一种接头。

6) 短节

一般情况下根据不同的作业水深和钻井平台的转盘面高度，需要对隔水管系统进行配长，所以会用到非标准长度钻井隔水管短节配长的隔水管短节，一般有 5 ft、10 ft、15 ft、20 ft、25 ft、30 ft、35 ft、40 ft 等。

7) 辅助管线

辅助管线主要包括用于高压流体循环的节流压井管线、用于提高隔水管环空内钻井液携岩能力的增压管线、输送水下防喷器控制动力的液压管线、预防深水泥线附近井筒内水合物的化学药剂注入管线等。辅助管线安装于隔水管主管的外围，在隔水管两端法兰处固定。

(1) 节流压井管线

当钻井发生溢流、井涌等复杂工况时，需要关闭海底防喷器，防止高压流体进入隔水管主管内。高压流体需要通过安装于隔水管的高压节流压井管线连接井筒至钻井船，进行循环控制。节流与压井线通常采用 X52、X65 或 X80 的钢材，其屈服强度分别为 52 ksi、65 ksi、80 ksi，内径一般为 3 in 或 $4\frac{1}{2}$ in。

(2) 增压管线

由于隔水管的尺寸比较大，当井筒内的钻井液进入隔水管段后，循环通道突然增加，导致钻井液的流动速度降低，岩屑会发生沉降。通过增压管线，可以提高隔水管内钻井泥浆的流动速度，提高携岩效率。增压管线与钻井船上的增压泵相连，从平台上通过增压泵沿着增压管线向隔水管底部泵送循环钻井液。增压管线通常采用 X52、X65 钢材，其屈服强度分别为 52 ksi、65 ksi，内径一般为 3 in。

(3) 液压管线

液压管线为水下防喷器的开关动作提供动力液，内径一般为 2 in 或 3 in。液压管线通常采用不锈钢材质，以防生锈对液压流体的流动性能产生影响，不利于水下防喷器的快速响应。

8）隔水管卡盘

卡盘用于安装隔水管防喷器时临时性将隔水管防喷器悬挂于钻台上，大钩可以去提升下一根隔水管。卡盘也可以在某些情况下进行隔水管及防喷器的悬挂，例如开发井作业期间井场采用批钻井的作业工艺，井场需要在悬挂隔水管和防喷器进行井间移位；紧急情况下，如果没有足够的时间回收隔水管，利用卡盘悬挂隔水管也可以作为一种应急的备用方案。

卡盘具有与隔水管系统相同的张力载荷额定值，可支撑隔水管与防喷器总成的全部重量；隔水管悬挂通过卡盘的液压活动楔块和隔水管两端的连接器相配合实现，如图2－10所示。当隔水管通过卡盘时，卡盘的液压活动楔块缩回，以确保卡盘通径满足隔水管通过的要求；当隔水管连接器到达楔块位置时，液压活动楔块推出并锁定，隔水管连接器座楔块，此时整个隔水管系统就悬挂在卡盘上了。为了补偿钻井平台随波流运动对悬挂隔水管造成的弯曲载荷，卡盘下面一般会安装柔性支撑盘(gimbal)，允许卡盘有一定的旋转角度(图2－11)。

图2－10　隔水管卡盘

图2－11　柔性支撑盘

9）浮力块

为了降低深水钻井隔水管系统的重量，减小隔水管支撑、张紧系统的设计载荷，通常需要采取措施，降低隔水管系统在水中的重量。最常见的方式就是在隔水管外围包裹一层浮力块，利用海水的浮力以减小隔水管在水中的重量，如图 2－12 所示。

图 2－12　隔水管浮力块的安装

浮力块一般采用复合泡沫材质，浮力块模块的直径主要取决于浮力要求和泡沫密度。泡沫密度由设计水深决定，如果水较深，则一般采用密度较大的材料，以便承受较大的挤毁压力。最大允许直径由分流器壳体的内径决定，以保证加装了浮力块的隔水管单根能够通过分流器壳体。

10）隔水管下部总成

隔水管下部总成（LMRP）一般由隔水管接头装置、挠性/球形接头、一个或两个环形防喷器、水下控制盒及液压连接器（用于隔水管系统和防喷器组的连接）组成。如图 2－13 所示，LMRP 提供了隔水管与防喷器组之间正常作业时的拆除、解脱、连接，紧急情况下也可以通过 LMRP 上的液压连接器实现隔水管与井口的紧急脱离。此外，LMRP 还通过控制盒实现液压动力的分配，并对防喷器组的功能进行液压控制。LMRP 上的跨接管提供了隔水管附属管线与防喷器的连接通道。

2.2.2.2　新材料钻井隔水管

在超深水域，重量的控制是深水钻井隔水管所面临的主要问题，一般需要加浮力装置（浮力块）以减轻钻井平台上的载荷，浮力装置的成本和效率必须依据隔水管自身的重量和成本加以衡量。水深增大，要求隔水管强度增大，重量也随之增大，但是随着水深增加，浮力装置的效率降低。从这一点来看，选用新型材料降低隔水管本身的重量可

图 2-13　LMRP

更加节省成本。

深水钻井隔水管的材料问题，从本质上来讲就是需要增加隔水管单根的强度/重量比，从而减少对浮力装置的要求。当考虑在超深钻井隔水管设计中采用替代材料时，必须通过对材料特点进行系统评估，包括有关隔水管柱、浮力装置、张力器、动力学/疲劳程度、重量/空间及装卸系统的成本和性能问题。目前人们尝试用重量较小、强度较大的纤维复合材料、钛与铝合金替代高合金钢。

1）纤维复合材料

纤维复合材料在钢质隔水管的节流和压井管线的设计、实验应用上已经取得了较大进展，这些管线是在直径较小、壁薄的钢质管上缠绕重量轻、强度大、预张紧的人造纤维（芳族聚酰胺）细丝，并嵌入热塑树脂模型内。这种复合结构使安装在隔水管上辅助高压管线的重量大大减小。

将这一技术应用到隔水管主管上的设计正在兴起。钢质隔水管主管可缠绕芳族聚酰胺纤维，对钢管和接头仍有轴向强度要求，但主要依靠缠绕的纤维复合材料来承受钻井液柱压力导致的周向应力。与钢管的细丝缠绕类似，全纤维复合材料也正在尝试用于钻井隔水管，但其前提是要解决接头设计及钻杆磨损问题。

由于质量差别，同样构造的复合材料隔水管相对于钢质隔水管动力响应要小。通过对应用于 GoM 海域 3 000 ft 水深的复合材料钻井隔水管进行性能分析，认为复合材料隔水管相对于钢质隔水管不仅需要的浮力块减少 72%，甲板重量减少 335.5 t，而且在百年一遇环境载荷条件下无须脱离。

ABB Vetco Gray 公司采用复合材料，制造出能用于 10 000 ft 水深的隔水管系统。据该公司研究表明，使用现有的钻井船，采用复合材料隔水管能够减轻全部隔水管系统重量达 50%以上，增加钻井船的深水能力 30%以上，减小浮力块的直径至 48 in。Noble 公司于 2006 年休斯敦 OTC 期间展出的铝合金隔水管，因创新获得 ASME Woelfel 最佳机械工程成就奖。铝合金隔水管单根重量仅为 17 000 lb，相比钢制隔水管重量减轻 30%以上。

2）钛合金

钛合金非常轻、坚固，抗腐蚀，疲劳性、机加工性能好。隔水管设计中一般考虑采用合金的屈服强度在 120～160 ksi 之间，密度约为钢密度的 60%；也就是说，与 80 ksi 屈服钢相比，其重量/强度比在 2.5～3.3 之间。成本问题一直是钛使用的主要阻碍。另一不利因素是钛的弹性模量较小（约为钢的一半），这可能导致悬浮超深钛隔水管出现较大的轴向动态反应。迄今为止，钛已经在特殊领域中得到了成功应用，例如采油立管。

3）铝合金

铝合金具有钛合金的许多特点（如轴向动态反应大），但是价格却便宜得多，因此是一种很有发展潜力的隔水管制造材料。其具有以下特点：密度小（铝合金的密度约为铁或铜的 1/3）、强度高、耐蚀性好、易加工等。

俄罗斯 ZAO 公司于 1996 年开始研究用铝合金隔水管来满足深水和超深水钻井。2000 年由 Noble 公司开始试验与应用，目前该公司将铝合金隔水管用于墨西哥湾深水钻井作业。

深水钻井隔水管最典型的为 21 in 外径的钢质隔水管，只有日费率很高的第四代或第五代钻井船才有能力储存和处理长且重的 21 in 钻井隔水管单根。为降低对钻井船的要求以最大可能降低钻井成本，隔水管的外径目前向小型化发展，如采用 16 in 甚至更小主管外径的隔水管单根。这样就不必采用日费率较高的第四代或第五代钻井船，采用日费率较低的第三代钻井船即可完成钻井。

2.2.2.3 隔水管设计校核原则

深水钻井隔水管设计的首要目标是进行隔水管配置的设计，明确浮力块系统的布置区域。浮力块系统的主要作用是降低隔水管和防喷器系统在水中的重量，减少对顶张力系统和钻台设备提升能力的要求。浮力块位置的布置需要考虑以下几点：

① 隔水管上部的飞溅区、波浪作用区域、海流较大的区域并不适合布置浮力块。浮力块会增加隔水管的受力面积，导致较大的横向海洋环境载荷，引起隔水管发生较大的

弯曲应力和横向变形，而且如果是悬挂状态，所有隔水管串和防喷器都由上部的隔水管承重，因此该部分区域一般都是隔水管应力的高风险点，再加上海流的横向载荷，受力工况更加恶劣，因此在浮力块配置时应该考虑避开这些区域。

② 隔水管悬挂或者应急解脱期间，不合理的浮力块布置会增加隔水管产生轴向动态压缩的风险。浮力块布置在不同位置时，隔水管波浪动态响应过程中的最小张力剖面自下而上，隔水管最小张力在裸管区（没有浮力块的隔水管段）是逐渐增大的，而在浮力块区（装有浮力块的隔水管段）是逐渐减小的。也就是说，浮力块区顶部最易出现动态压缩，一般认为将浮力块配置在隔水管上部时，隔水管出现动态压缩的风险最小，从改善隔水管悬挂轴向动力特性考虑，隔水管下部应保留足够数量的裸单根。

③ 从操作便利性和高效作业角度考虑，一般情况下建议浮力块进行连续布置。交错布置浮力块隔水管，容易增加现场作业时间和安装顺序错误的风险；带有浮力块的隔水管系统由于重量和体积更大，现场吊装操作难度大，对甲板空间有要求，但是这也因平台而异，如“奋进号”配备了专门的针对浮力块隔水管的立放区域和专门的吊装设备，作业效率较高。

校核钻井隔水管系统安全性时，需要考虑的因素主要为环境因素与作业因素。环境因素主要包括水深、波浪、海流等，作业因素主要包括钻井液密度、隔水管系统的悬挂模式等。

2.2.2.4　隔水管作业管理要求

海上钻井作业时，钻井隔水管一般分为正常连接钻井模式、隔水管保持连接非钻井模式和隔水管自存模式：

① 正常连接钻井模式是指在该环境载荷条件和边界条件下能够进行正常的钻井、起下钻、滑眼、井筒循环等作业，特殊作业如导管安装、固井、地层测试需要有更加严格的限制。

② 隔水管保持连接非钻井模式是指在该环境载荷条件和边界条件下可以进行井筒循环、起下钻，但是钻杆不能旋转，也不能进行钻进作业。这种模式下可能需要将隔水管内替换成海水，做好准备关井和解脱的作业准备。

③ 隔水管自存模式是指在该环境载荷条件和边界条件下连接状态的隔水管系统可能受到破坏，需要进行解脱。

正常钻井模式下限制平均和最大球铰转角的目的是防止对隔水管和球形接头造成磨损。通过严格的作业程序，尽可能使这些角度保持最小。限制隔水管保持连接非钻井模式和自存模式的最大球铰转角的目的是防止对隔水管、球形接头和防喷器组造成损坏，而上部球形接头几乎不会对隔水管设计造成重大影响。研究认为，底部球形接头是隔水管柱组成的关键部件，隔水管底部球铰转角是制约深水钻井作业的重要参数。研究深水条件下球形接头的力学行为及其影响因素，对隔水管及底部球形接头的安全作业具有十分重要的意义。隔水管底部球铰转角与隔水管所承受的最大应力密切相关,在本质上隔水管底部球铰转角表明了所有外载荷对它的影响。

最大应力分析的目的是确保隔水管的强度足以支持最大设计负荷。在使最大应力保持在容许应力以下的同时,通过要求隔水管支持最大设计负荷,可以实现这一目的。限制目的是防止发生可能导致失效的结构变形,包括安全系数。一般情况下,把底部球铰转角和隔水管所承受的最大等效应力作为隔水管静态响应的控制指标。

API RP16Q 隔水管作业窗口设计准则见表 2-3。

表 2-3　API RP16Q 隔水管作业窗口设计准则

参　　数	正常连接钻井模式	隔水管保持连接非钻井模式	隔水管自存模式
上部挠性接头转角/°	均值 2,极值 4	物理极限的 90%	物理极限的 90%
下部挠性接头转角/°	均值 2,极值 4	物理极限的 90%	物理极限的 90%
等效应力	$0.67\sigma_y$	$0.67\sigma_y$	$0.67\sigma_y$
井口连接头弯矩	物理极限的 67%	物理极限的 80%	物理极限
导管弯矩	物理极限的 67%	物理极限的 80%	物理极限

完井作业期间,因为很多设备需要通过挠性接头,因此挠性接头角度比钻井期间更加严格。尤其在设备通过挠性接头的瞬间,在钻井隔水管内安装完井立管、测试管柱、安装油管悬挂器(简称“油管挂”)、安装大尺寸导管等。完井期间隔水管作业角度限制准则见表 2-4,完井期间隔水管作业隔水管应力限制准则见表 2-5。

表 2-4　完井期间隔水管作业角度限制准则

部　　件	挠性接头	允许角度/°
油管挂/测试树和送入工具	UFJ	±2.5
防磨衬套	UFJ	±2.5
油管挂/测试树和送入工具	LFJ	±0.5
下应急解脱工具(风暴阀)	LFJ	±1.5

表 2-5　完井期间隔水管作业隔水管应力限制准则

设　计　工　况	应力值/屈服应力
正常作业工况	0.67(≈2/3)
压力测试期间	0.8
自存工况	1

2.2.3　水下防喷器系统

2.2.3.1　水下防喷器系统作用

水下防喷器是海洋石油钻井的重要设备之一。它是设置在海底、用来控制和防止井喷的一种井口设备，通常由几个闸板式防喷器、一个环形防喷器、两条带控制阀组的压井或放喷管线及控制全套水下器具的两套控制阀组成。

水下防喷器组是保证钻井作业安全最关键的设备。防喷器组在水下钻井过程中的作用是：在发生井喷或者井涌时控制井口压力，在台风等紧急情况下钻井装置必须撤离时关闭井口，保证人员、设备安全，避免海洋环境被污染和油气资源被破坏。

2.2.3.2　水下防喷器系统工作原理

现代石油钻井使用的防喷器都是液压防喷器，防喷器的关井、开井动作是靠液压实现的。防喷器分为普通（单闸板、双闸板）防喷器、环形（万能）防喷器和旋转防喷器等。普通防喷器有闸板全封式的和半封式的，全封式防喷器可以封住整个井口，半封式防喷器封住有钻杆存在时的井口环形断面。环形防喷器可以在紧急情况下启动，应对任何尺寸的钻具和空井。旋转防喷器可以实现边喷边钻作业。在深井钻井和海上常常除两种普通防喷器外，再加上环形防喷器或旋转防喷器，使三种或四种组合装在井口。

1）闸板防喷器

闸板防喷器是井控装置的关键部分。其工作原理是通过液压驱动操作活塞的移动来实施关闭和打开功能。其主要用途是在钻井、修井、试油等过程中控制井口压力，有效地防止井喷事故发生，实现安全施工。具体可完成以下作业：

① 当井内有管柱时，配上相应管子闸板能封闭套管与管柱间的环形空间。

② 当井内无管柱时，配上全封闸板可全封闭井口。

③ 当处于紧急情况时，可用剪切闸板剪断井内管柱，并全封闭井口。

④ 在封井情况下，通过与四通及壳体旁侧出口相连的压井、节流管汇进行泥浆循环、节流放喷、压井、洗井等特殊作业。

⑤ 与节流、压井管汇配合使用，可有效控制井底压力，实现近平衡压井作业。

闸板防喷器关井时，来自控制装置的动力液经上铰链座导油孔道进入两侧油缸的关井油腔，推动活塞与闸板迅速向井眼中心移动，实现关井；同时开井油腔里的动力液在活塞推动下通过下铰链座导油孔道，再经液控管路流回控制装置油箱。开井动作时，动力液经下铰链座导油孔道进入油缸的开井油腔，推动活塞与闸板迅速离开井眼中心，闸板缩入闸板室内；此时关井油腔里的动力液则通过上铰链座导油孔道，再经液控管路流回控制装置油箱。水下防喷器略有不同，为了简化液压系统的流程、提高系统的可靠性，水下防喷器系统压力液将不再返回水面油箱，而是直接排放到海水环境当中。图2-14、图2-15分别为闸板防喷器在关闭和开启状态的示意图。

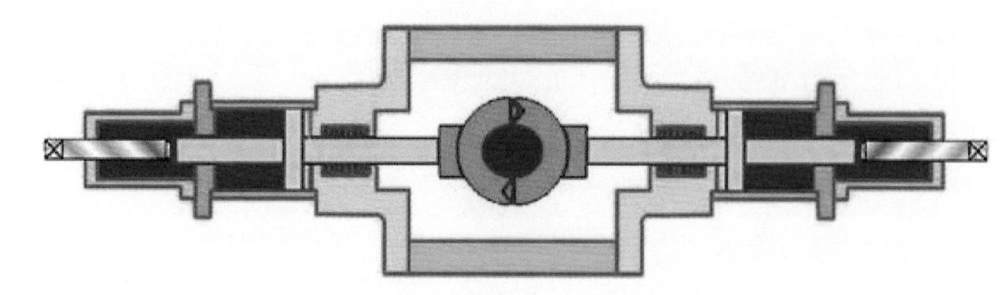

图 2-14　闸板防喷器关闭状态示意图

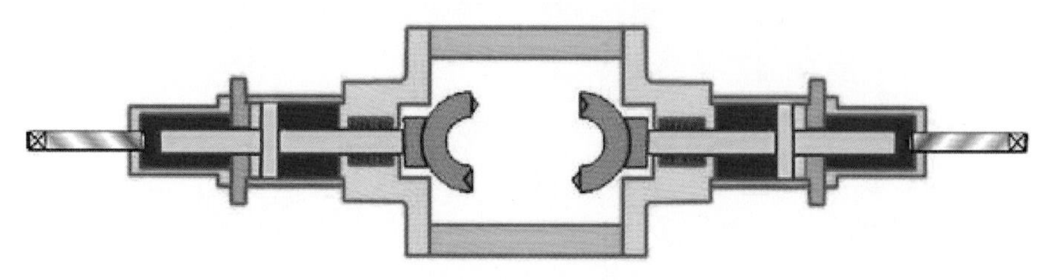

图 2-15　闸板防喷器开启状态示意图

2）环形防喷器

环形防喷器工作原理是：关闭时压力驱动活塞上移，迫使芯子处于关闭在钻杆上的状态，达到密封的目的；开启时压力驱动活塞下移，芯子依靠本身的弹性而打开。

环形防喷器能够完成以下作业：

① 可以密封各种形状和尺寸的钻杆、钻杆接头、钻铤、套管、电缆等与套管之间的环形空间。

② 当井内无钻具时，能全封闭井口。

③ 在使用缓冲蓄能器的情况下，进行强行起下钻作业。

环形防喷器仅是在关井时的一个临时设备，不能用它长时间地封井，长时间地封井应采用闸板防喷器。

环形防喷器的关井、开井动作也是靠液压实现的。关井动作时，来自液控系统的压力油进入下油腔（关井油腔），推动活塞迅速向上移动。胶芯受顶盖的限制不能上移，在活塞内锥面的作用下被迫向井眼中心挤压、紧缩、环抱钻具，封闭井口环形空间。在井内无钻具时，胶芯向中心挤压、紧缩直至胶芯中空部位填满橡胶为止，从而全封井口。在关井动作时，上油腔里的液压油通过液控系统管路流回油箱。开井动作时，来自液控系统的压力油进入上油腔（开井油腔），推动活塞迅速向下移动。活塞内锥面对胶芯的挤压力迅速消失，胶芯靠本身橡胶的弹性向外伸张，恢复原状，井口全开。在开井动作时，下油腔里的液压油通过液控系统管路流回油箱。图 2-16、图 2-17 分别为环形防喷器在开启和关闭状态的示意图。

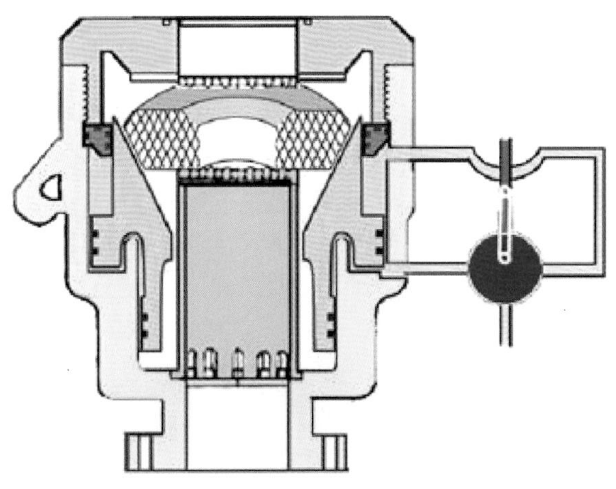

图 2-16　环形防喷器开启状态示意图

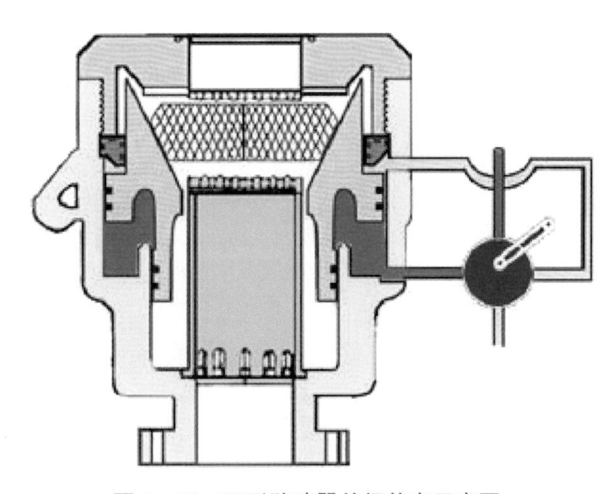

图 2-17　环形防喷器关闭状态示意图

2.2.3.3　水下防喷器系统构成

如图 2-18 所示，水下防喷器组从结构上分为两部分，即下部隔水管组和防喷器组，这也是水下防喷器组与陆地防喷器组在结构上的最大不同。下部隔水管组放置在防喷器组的上方，通过可快速解锁的液压连接器与防喷器组连接。这样便于整个下部隔水管组和隔水管的安装和运移，在海上出现台风等紧急情况时可以迅速与井口断开，从而避免重大事故发生。

1）闸板防喷器

(1) 制造厂家

主要有 3 家防喷器制造厂商：Cameron 公司、Hydril 公司和 Shaffer 公司。

(2) 操作压力

以 3 000 psi 压力等级控制系统为例，5 in 钻杆闸板和可变闸板的正常操作压力为

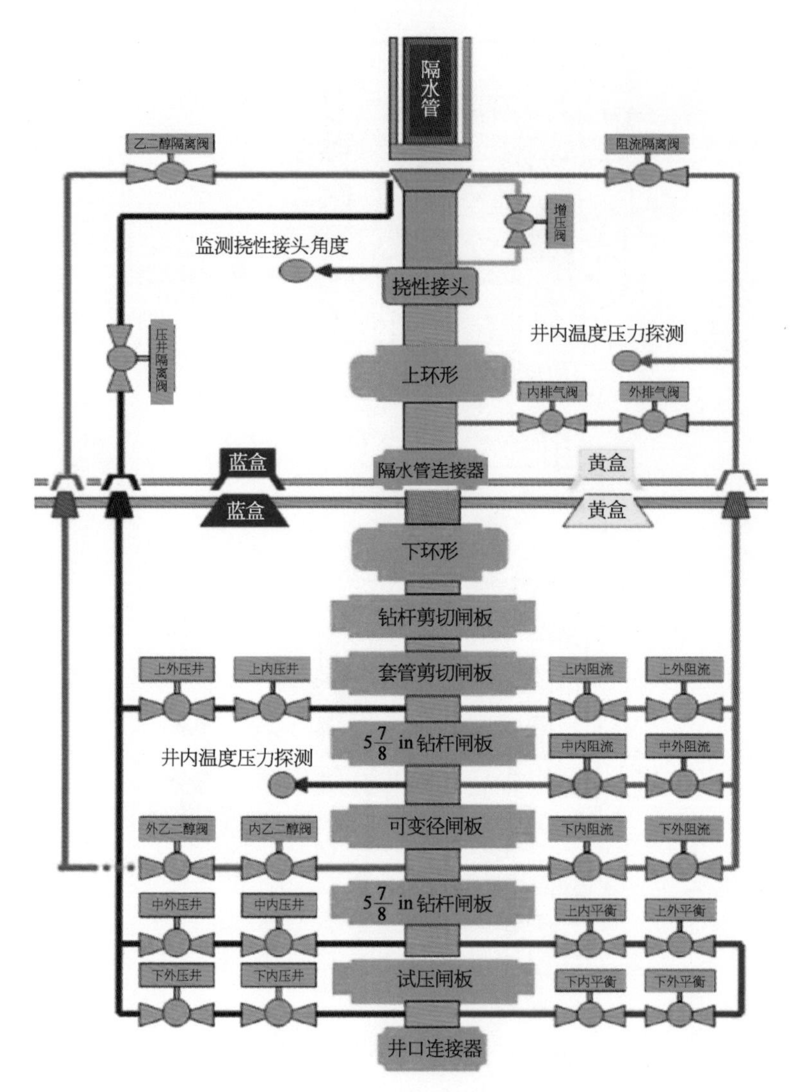

图 2-18　水下防喷器组构成

1 500 psi;剪切闸板的关闭压力应根据井内钻杆的尺寸和钻杆等级而调节,但不能高于防喷器控制系统的最大压力 3 000 psi。

(3) 一般配置

两套 5 in 钻杆闸板、一套可变闸板和一套剪切闸板。

(4) 闸板的悬挂能力

5 in 钻杆闸板的能力一般为 600 kip(1 kip=4.48 kN),可变闸板的悬挂能力随着井内钻杆尺寸的变化而变化(尺寸越小的钻杆,悬挂能力越小)。

2) 环形防喷器

(1) 万能芯子的结构

加强筋外面浇注橡胶。

(2) 万能芯子的种类

从结构上分为球形芯子(Shaffer 公司产品)、锥形芯子(Hydril 公司产品)和星形芯子(Cameron 公司产品);从材质上分有天然橡胶(NR,适用于水基泥浆,温度范围－35～＋107℃)、丁腈橡胶(NBR,适用于油基泥浆,温度范围－7～＋88℃)和氯丁橡胶(CR,适用于油基泥浆,温度范围－35～＋77℃)。

(3) 特性

包括:可以封闭空井;关闭后可以允许钻具旋转和钻具接头通过;井内压力对环形防喷器有助封作用,但助封作用的大小与防喷器的结构有关;球形芯子、锥形芯子可以在井内有钻具时进行更换。

① 关闭压力。由于环形防喷器的助封作用,为延长芯子的使用寿命,其关闭压力应随着井内压力的变化而变化(厂家提供关闭压力与井内压力的对照表)。

② 封空井。由于封空井对芯子的影响很大,所以一般不做封空井检验。

③ 强行起下钻。为保证钻具接头和钻杆通过芯子,又保持密封和延长芯子的使用寿命,因此在环形防喷器的关闭口(靠近防喷器附近)安装一个缓冲瓶和允许少许泥浆泄漏。

④ 井内有钻具时更换芯子。球形和锥形芯子可以在井内有钻具时更换,而星形芯子不能。

(4) 试验压力

安装新芯子后,第一次可以试 100%的工作压力,第二次起一般不低于 70%。

3) 隔水管连接器

隔水管连接器如图 2－19 所示。

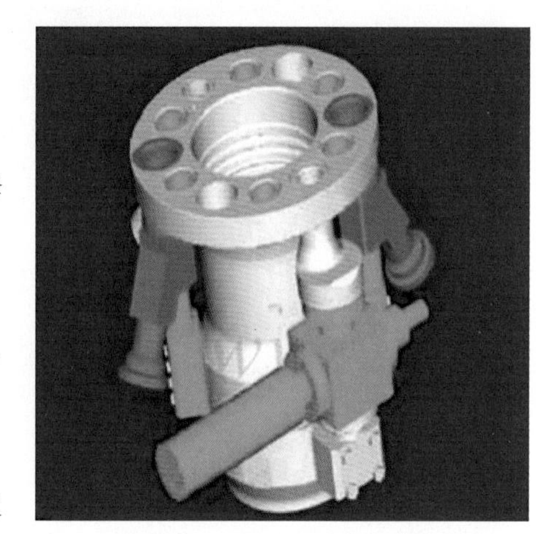

图 2－19　隔水管连接器

(1) 功能

连接防喷器组,以防平台有应急情况或修理后的回接。

(2) 制造厂家

连接器的主要制造厂家有 Vetco 公司、Cameron 公司和 Drill Quip 公司。

(3) 特性

如果采用 Vetco Gray 的连接器作为隔水管连接器,其最大工作角度比井口连接器大。

4) 控制系统

水下防喷器控制系统的设计制造主要依照 API 16D,该标准对水下防喷器组通用控制系统进行了规定,主要包括响应时间、泵系统要求、蓄能器要求、先导系统要求、水下液压供压分离阀、水下蓄能器、控制管汇、表面功能、调节阀、关键控制功能、盲板/剪切闸板压力调节阀、遥控面板、控制面板、安全需求、冗余控制系统及测试试验等。

国际上能够生产先导液压控制系统的制造商也是能够设计制造深水防喷器组及控

制系统的制造商，包含 Cameron 公司、Shaffer 公司和 Hydril 公司等，这些厂家代表了深水钻井水下井控设备技术的最高水平。

(1) Cameron 水下先导液控系统

① Cameron 水下控制箱(图 2-20)。控制箱采用管式连接形式，各控制阀件间均采用不锈钢管连接；控制箱与 LMRP 之间采用圆柱面的连接形式。插头圆柱面直径小于插环圆柱面直径，插入后操纵控制阀件，使控制箱内液缸带动插头内的楔形结构向上，插头张开，密封面与插环密封。这种连接形式的优点在于不容易划伤密封面，可以有效地保护各油路口胶圈免于划伤；其缺点是泄漏点多，管道由于插头的扩张而变形，容易造成泄漏，降低了可靠性。

图 2-20 Cameron 水下控制箱

② Cameron 关键液压阀件。Cameron 水下 SPM 阀(图 2-21)是重要的水下控制阀件，通过液压软管提供先导液和供给液。其采用金属剪切密封结构，是一种三位四通阀，单个阀件可以实现两个功能的控制。其优点是抗污染能力强，可以长时间免维护。

(2) Shaffer 水下先导液控系统

① Shaffer 水下控制箱(图 2-22)。控制箱采用板式连接形式，各控制阀件均安装

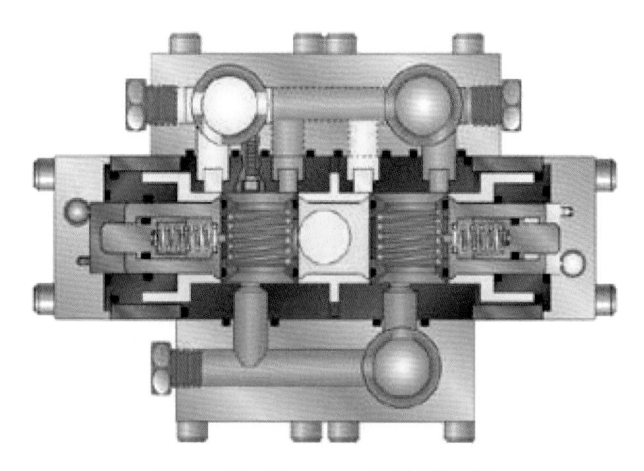

图 2-21　Cameron 水下 SPM 阀

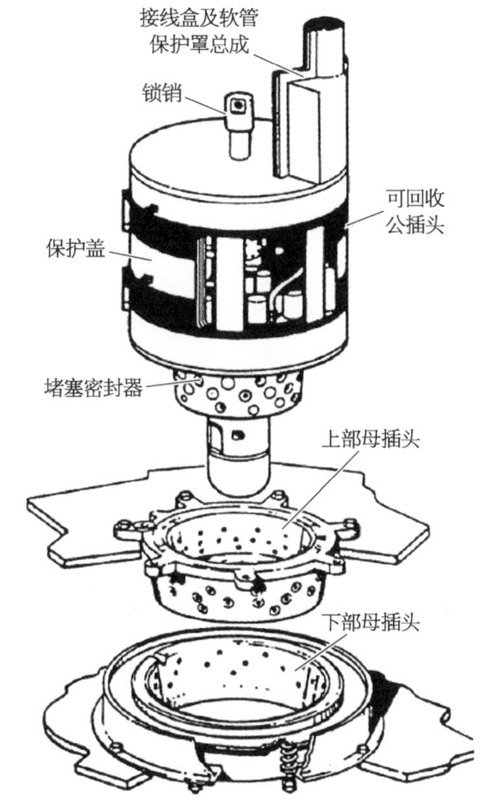

图 2-22　Shaffer 水下控制箱

在不锈钢阀板上；控制箱与 LMRP 之间采用圆锥面的连接形式。

② Shaffer 关键液压阀件。Shaffer 水下 SPM 阀是一种两位三通换向阀，通过先导液控制供给液的通断，实现一个控制功能。其优点是响应速度快，密封安全可靠。

(3) Hydril 水下先导液控系统

采用管式连接形式，各控制阀件间均采用不锈钢管连接；控制箱与 LMRP 之间采用平面的连接形式。这种控制箱的优点是结构紧凑、重量轻、加工简易；缺点是泄漏点多、可靠性较差。

2.2.4 深水测试系统

地层测试是在钻井工程建立起地层通道——井眼之后，通过一定的措施使地层流体流入井筒甚至喷出地面，并对流体和产层通过一系列作业搞清流体性质、产能及取得各种地层特性参数等资料的整个工艺过程。海洋油气开发流程如图 2-23 所示，从中不难看出地层测试技术在海洋油气开发过程中的重要性。深水油气开发过程中开采环境恶劣、开采难度大，海洋环境等对深海油气开发装备提出了严格要求，因此深水测试的重要性更加凸显。

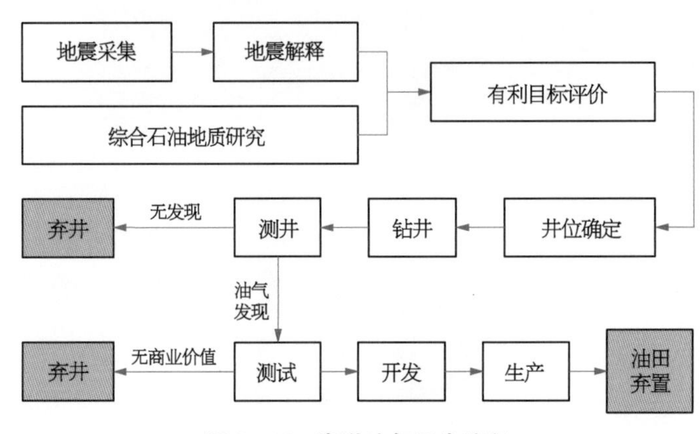

图 2-23 海洋油气开发流程

2.2.4.1 深水测试特点

对于深水测试，测试过程的安全是首要考虑的问题。在确保安全条件的情况下，尽可能缩短整个测试过程的时间。深水测试有以下几方面特点：

① 对风险控制有极高要求。海上钻井平台空间狭小、设备和人员密集、自然条件恶劣，测试过程中一旦发生井喷或引入平台的油气流发生泄漏，都可能导致爆炸、火灾、中毒和环境污染等重大事故，因此深水测试对风险控制有极高的要求。为了实现整个测试过程的安全可控，在平台测试系统、井下测试管串和联顶管柱上安装了一系列功能各异的电/液控装置。在紧急情况下应具有多种应急预案和手段控制油气流动，确保测试设备、人员及油气井的安全。

② 存在海底浅层气和水合物安全隐患。测试过程中井筒周围的温度变化可能破坏原有的温度场，导致气体膨胀上窜，其危害有三点：一是破坏水下井口装置的稳定性，上窜气体冲刷水下井口装置的基座可能造成井口的松动和失稳；二是上窜气体在海水中产生的大量气泡降低了平台周围海水的密度，可能导致平台或钻井船失去应有的浮力而造成沉船事故；三是上窜气体可能造成火灾和爆炸事故。

③ 受台风和气候突变的影响。海洋气候变化很大，在特殊情况下要求测试系统能够快速关井并实现上部管柱的快速退出，同时具有快速回接功能。

④ 存在水合物堵塞问题。地层流体进入上部管柱后，受低温和高压的影响可能形成水合物堵塞测试管柱，因此测试管柱应具有化学试剂注入口，防止水合物的堵塞。

⑤ 会产生测试管柱的伸缩问题。深水完井测试时，由于受海浪或温度变化的影响，测试管柱会产生纵向伸缩，为消除此影响，须采用伸缩短接对管柱的伸缩进行补偿。

⑥ 在深水测试时，海底井口以下部分的测试管柱通过槽式悬挂器悬挂在井口上，因此不能采用上提、下放式测试工具，只能采用压控式测试工具。

⑦ 深水测试周期长，成本高，风险大。可能的情况下应尽量简化测试程序，缩短所用时间，降低测试成本。

2.2.4.2　深水测试系统组成

深水测试系统大体分为以下四个部分：

1）地面测试系统

整个流程使用全封闭式设计，取消了柔性连接而全部使用加厚管线和法兰连接。由于全部使用了硬密封的设计，使得整个流程的承压能力、耐高温能力和抗腐蚀能力极大地提升，从而最大限度地提高了流程的安全系数，避免了可燃物泄露和暴露的可能性。地面测试系统的主要流程设备全部固定在平台上，节省了每次作业前的设备连接时间，有效缩短了作业周期。

2）水下安全系统

使用深水水下测试树，克服了水深带来的液压传输距离过长、设备响应时间慢的问题，提高了设备的响应速度，而且提供了更多的井下化学注入点，有效地控制了井下水合物的生成。2.2.4.3节将专门对“水下测试树系统”做一介绍。

3）数据采集系统

数据采集系统提供了实时的各种温度、压力和实时产量的计算与采集，整合了数据传输系统，可以将数据实时地传回陆地。

4）井下测试管柱

海底井口下部测试管柱结构与陆地基本相同，主要由伸缩接头、循环阀、测试阀、取样器、泄压阀、震击器、安全接头、封隔器、全通径压力计托筒等部件组成。对已下套管井的射孔与测试联作，还要包括点火头和射孔枪等部件。使用了插入式封隔器，在浅水测试中通常使用机械旋转座封的方式，而在深水测试中，由于井口的连接方式已经不适合于旋转座封，故采用非旋转式封隔器座封的方式。测试设计过程中综合考虑了测试井的实际深度和海水温度对水合物生成的影响，应用海水温度实时监控系统来检测水合物生成情况，并制定具体的水合物清除和处理方案。

2.2.4.3　水下测试树系统

水下测试树系统由地面部分和水下部分组成。地面部分包括控制管线转盘、控制操作台、化学药剂罐和药剂注入泵等。水下部分包括防喷阀、水下控制器、回收阀、水下树、化学药剂注入短节、附件(扶正器、加速包)等。其中,水下树扶正器用来扶正整个井下管柱,在水下树脱扣回接的时候有扶正和清除泥浆中杂质的作用,并配有化学注入接头,作为上部化学注入点。

水下测试树在执行紧急解脱时,系统会自动关闭水下测试树上的球阀,并将通过泄压阀泄放上下阀门间的压力,以便脱开。泄压阀位于剪切短节的上部,用于连接水下测试树的脱闩部分。当水下测试树需要紧急撤离时,承流阀会自动关闭,达到回收上部管线流体的目的,防止造成污染,而位于脱开部分以下的两个球阀可以保证下部管柱内的流体不会溢出。当有钢丝作业时,剪切球阀可以剪断钢丝、密封管线。标准水下测试树示意图如图 2 - 24 所示。

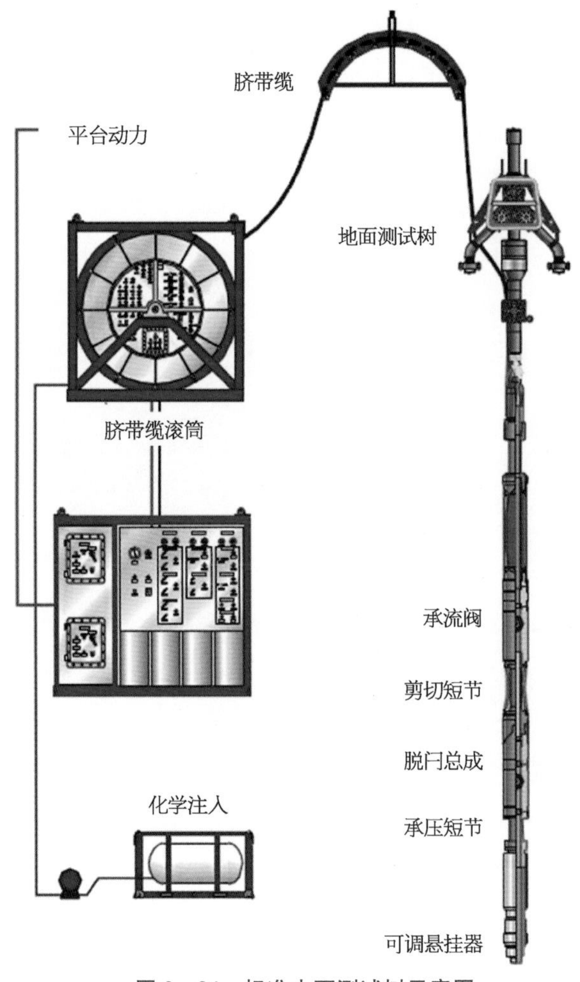

图 2 - 24　标准水下测试树示意图

防喷阀的作用是用于井控、防止井喷,防喷阀一般位于距离转盘面 60 m 左右的地方,在紧急情况发生时通过液压管线直接关闭球阀,有时用来配合钢丝作业需要。

在水下测试树下部还有一个可以调节长度的悬挂器，悬挂器届时会坐到水下防喷器的抗磨补芯上，通过调节悬挂器的位置来保证水下测试树管柱组合的剪切短节位于剪切闸板处，光滑短节处于水下防喷器下闸板的位置，并且滑动接头壁内有化学注入通道，形成了从上部管串到井底化学注入接头的化学注入通道，在不影响闸板密封的情况下实现井底化学注入功能。

在海底以下大约 600 m 处还有一个甲醇注入短节，用来向管柱内注入甲醇，以防止由于压力下降、温度降低而形成水合物，避免管串堵塞事故的发生。此处的甲醇注入量约占总注入量的 50%。

2.2.5　水下井口与采油树

2.2.5.1　水下井口

水下井口是深水钻井和采油的关键装置，每口水下探井或开发井需要一个水下井口。水下井口通常从浮式钻井装置下入，安装在泥线处或泥线附近。水下防喷器或水下采油树通过水下连接器与水下井口装置连接在一起工作。图 2-25 为深水井口结构示意图。

1）水下井口主要功能

钻井时水下井口与导管或套管一起下入，起支撑防喷器和密封套管环空作用；生产时水下井口连接采油树，起支撑采油树和油管悬挂器的作用。水下井口主要功能如下：

① 提供布置在井口上的钻采装备的高程基准面。

② 支撑和密封套管柱。

③ 承受安装采油树过程中来自钻井、完井和生产操作的所有载荷，包括安装采油树过程中的偶然、极端和悬挂载荷。

④ 在钻井期间提供接口并支撑上部防喷器组及钻井隔水管系统。

⑤ 完井之后支撑上部水下采油树总成及油管挂。

水下井口装置与锁定、密封高压井口头的水下防喷器组一起使用。在完井之后，水下采油树锁定和密封高压井口头。水下井口主要由低压井口头、高压井口头、套管悬挂器和环空密封总成、公称外径保护器、防磨补芯、防腐帽等部件组成。

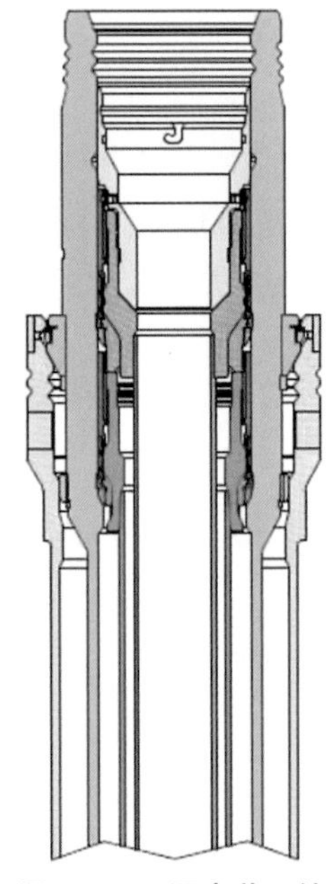

图 2-25　深水井口结构示意图

2）水下井口国内外研发概况

国际上的主要水下井口系统制造商包括美国的 FMC 公司、GE - Vetco 公司、Cameron 公司、Dril - Quip 公司及挪威的 Aker Solutions 公司等。其中，FMC 公司是最早研制水下井口和采油装置的企业，多年来该公司在海洋水下装备技术研究及产品开发方面积累了丰富的经验，企业规模较大，其主要业务包括水下井口、水下集输和水下管汇等多个方面，主要水下产品系统包括 UWD－10 型水下井口系统、UWD－15 型水下井口系统、UWD－HC 型水下井口系统等。GE－Vetco 公司和 Cameron 公司以生产研制陆地和海洋井口、井控类产品、水下采油及海洋钻井隔水管等技术见长，其产品在国际市场占有较大份额，GE－Vetco 公司水下井口主要有 SG－5 型和 MS－700 型，Cameron 公司水下井口主要有 STC 型和 STM 型。Dril－Quip 公司最主要的产品是水下井口，其在水下井口研发和服务方面有一定特色，国内使用该公司的水下井口装置较多，该公司的水下井口主要有 SS－10 型和 SS－15 型。

目前，水下井口应用的最大作业水深为 3 411 m，为道达尔石油公司在乌拉圭钻的 Ray－1 井，该井为探井。水下井口在开发井中应用的最大作业水位为 2 943 m，为壳牌公司的 Perdido 油田，位于墨西哥湾。

我国采用水下生产系统进行油气开采的时间较晚，而且国内工业基础与国外先进水平有一定差距，因此水下井口装置研发也起步较晚。近年来，我国不少企业在国家和石油公司的支持下大力开展水下钻采装备的技术研究工作，水下井口装置也是国内研制的重点设备之一。

3）水下井口的未来发展方向

（1）向高温、高压发展

海洋油气勘探开发正经历着一个从浅水到深水、从浅地层到深地层、从简单地层到复杂地层的过程，这就必然对海洋水下井口装置的性能不断提出新的要求，从而促进该产品的技术不断向前发展。当前，该产品的额定工作压力已从 34.5 MPa 和 69.0 MPa 发展到 103.5 MPa。不仅如此，2008 年 FMC 公司已完成了额定压力达 140 MPa、试验压力为 210 MPa、适应温度达 177℃及最大悬挂载荷为 18 140 kN 海洋水下井口装置的研制开发工作。由此不难看出，今后海洋水下井口装置将向高温、高压方向发展。

（2）向多种类、系列化发展

随着钻井平台技术、小井眼钻井技术、大通径技术、岩屑回注技术及尾管悬挂技术的不断发展，相继出现了各类不同形式的海洋水下井口装置。例如，针对张力腿（TLP）平台和单挂式（SPAR）平台，出现了抗拉抗疲劳的海洋水下井口装置；针对小井眼钻井技术，FMC 公司相继推出了通径为 346.08 mm、374.65 mm 及 425.45 mm 的系列化海洋水下井口装置；Dril－Quip 公司还推出了可满足 914 mm×660.4 mm×558.8 mm×457.2 mm×406.4 mm×346.07 mm×250.83 mm 套管程序的大通径海洋水下井口装置；针对钻井岩屑回注需要，Dril－Quip 公司和 Aker Kvaerner 公司相继推出了专用的具有带岩屑回注功能的海洋水下井口装置等。另外，随着钻井新技术、新工艺的不断出现，必将使海洋水下井口装置朝着多种类、系列化的方向发展。

（3）提高安全、可靠性

海洋水下井口装置属于井口、井控类产品，对海底油气井口起到密封保压的作用。由于井内产出的油气不仅具有易燃、易爆性，还伴随有大量 H_2S、氯等有毒有害物质，这都可能对海洋环境及钻井平台、工作人员的安全造成直接威胁。

(4) 向更深水域发展

随着陆地和浅海油气资源的逐渐枯竭，世界主要海洋装备制造强国均已开始研究并制造大型化的海洋油气开发装备，目前水深范围已达到 3 000 m 以上，海洋油气开发装备的最大钻井深度可以达到 9 000～12 000 m。根据美国权威机构统计分析，截至 2018 年全世界投入的海洋油气开发项目为 530 个，近 5 年投产的油气田中深水占 40%。各大石油公司在深海领域的投资有不断增加的趋势。因此，海洋水下井口、采油装备将向超深水领域发展。

2.2.5.2　水下采油树

水下采油树系统是水下生产系统的核心设备，主要包括水下采油树、油管挂和控制系统三部分。

1) 水下采油树主要功能

水下采油树主要功能是对生产的油气或注入储层的水/气进行流量控制，并和水下井口系统一起构成井下储层与环境之间的压力屏障。图 2-26 为两种典型的水下采油树结构示意图。除了远程控制方式外，水下采油树与地面采油树功能基本一样，具体包括：

① 引导生产的油气进入海底管线，或引导注入地层的水/气进入井筒。

② 通过对水下采油树阀门的远程控制，调节流体流量大小，必要时关井终止油气生产。

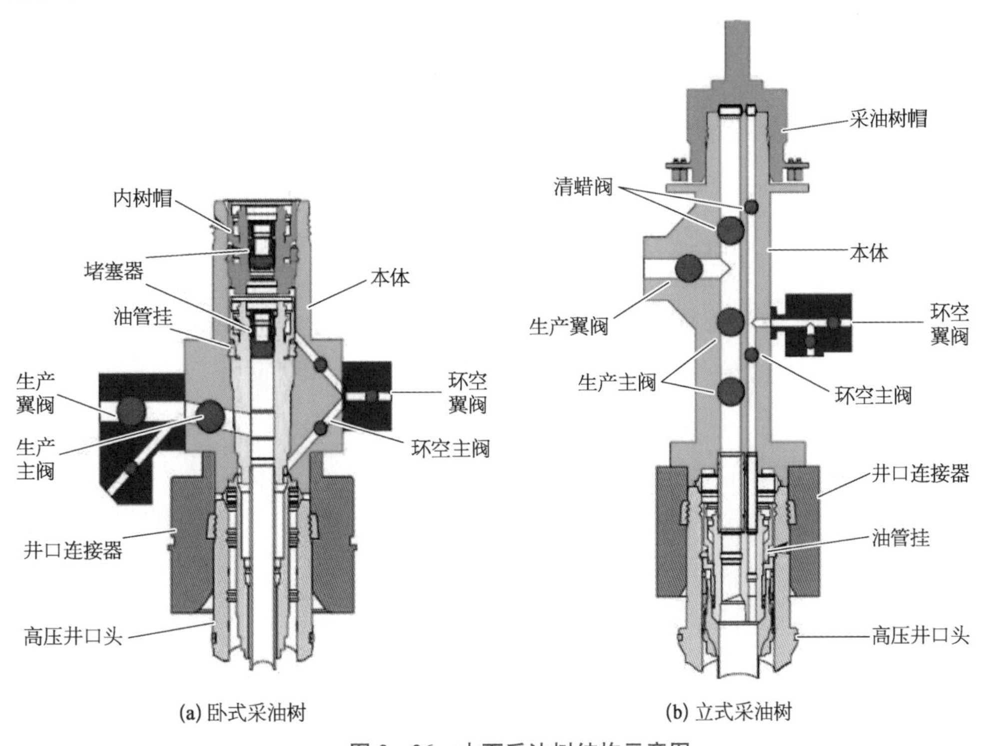

(a) 卧式采油树　　(b) 立式采油树

图 2-26　水下采油树结构示意图

③ 油管挂用来支撑油管柱，并密封井下油管和生产套管之间的环形空间。

④ 监测油气井参数，如生产压力、环空压力、温度、地层出砂量、含水量等。

⑤ 提供测试和修井期间进入油气井筒的通道。

⑥ 向井筒或海底管线注入化学药剂，如防腐剂、防垢剂或水合物抑制剂，改善流体流动性能。

2）水下采油树国内外研发概况

据不完全统计，从 20 世纪 60 年代开始应用水下采油树以来，全球已经应用 6 000 多套水下采油树。表 2－6 列出国外水下采油树供应商及产品参数。由于水下采油树系统技术含量高，国外水下采油树制造商 FMC 公司、GE－Vetco 公司、Aker Solutions 公司、Cameron 公司和 Dril－Quip 公司占据了市场的垄断地位。采油树的设计最大工作水深达 3 000 m，温度范围－46～177℃，额定压力高达 15 000 psi。目前，已经应用的最深的水下采油树系统安装于墨西哥湾，水深 2 934 m。国内经过 10 余年的国产化攻关，已基本具备锻件原材料供应、设计和机械加工能力，但由于起步晚，而且电液控制部件的相关配套产业底子相对薄弱，工程产品认证技术体系尚须完善。

表 2－6　水下采油树供应商及产品参数

供应商	公司业绩概述	生产主阀门通径/in	压力等级/温度等级	最大水深/m	最高材料等级	油管挂通径尺寸/in	井下控制管线数量
FMC 公司	至今已提供 2 000 多套水下采油树	$4\frac{1}{16}$，$5\frac{1}{8}$，7	15 000 psi/177℃	3 000	HH	4，5，7	11 条（9 液＋2 电或光线）
Cameron 公司	已提供 1 000 多套水下采油树、45 套水下生产控制系统。2013 年，Cameron 与 Schlumger 成立合资企业 OneSubsea	$4\frac{1}{16}$，$5\frac{1}{8}$，7	15 000 psi/121℃	3 000	HH	4，5，7	9 条（8 液＋1 电）
Aker Solutions 公司	截至 2015 年，已提供 700 套水下采油树（其中 361 套卧式树）、1 500 多套水下生产控制系统	$4\frac{1}{16}$，$5\frac{1}{8}$，7	16 500 psi/121℃	3 000	HH	4，5，7	9 条（8 液＋1 电）
GE－Vetco 公司	截至 2019 年，已提供 1 400 多套水下采油树（其中 433 套卧式树）	$4\frac{1}{16}$，$5\frac{1}{8}$，7	15 000 psi/121℃	3 000	HH	3，4，5	10 条（9 液＋1 电或 8 液＋2 电）
Dril－Quip 公司	截至 2016 年，已提供 276 套立式树	$4\frac{1}{16}$，$5\frac{1}{8}$，7	15 000 psi/121℃	3 000	HH	4，5，7	12 条（10 液＋2 电）

3）水下采油树的未来发展方向

目前水下采油树的最大应力等级为 15 000 psi，水下采油树的设计水深最大为 3 000 m，因此须开发出满足 20 000 psi 和超过 3 000 m 工况需求的水下采油树。另外，由于全电控采油树具备响应速度更快的优点，也是水下采油树控制方式的新发展方向。

（1）超高温高压采油树

2014 年，FMC 公司、Anadarko Solutions 公司、英国石油公司、康菲石油公司和壳牌公司成立联合研发项目以开发新一代 HTHP 水下井口采油树，于 2018 年成功开发出井口压力 20 000 psi、井口温度 177℃的水下采油树设备。

（2）水深等级大于 3 000 m 的水下采油树

道达尔石油公司于 2016 年 3 月底在乌拉圭水深 3 411 m 的 Pelotas 盆地钻探一口探井 Raya－1 井。须开发水深等级大于 3 000 m 的水下采油树。

（3）全电控的水下采油树

目前，Cameron 公司、FMC 公司等供应商能够提供全电控的水下采油树。由于采油树阀门无液压执行机构和液控管线，因此可减少控制脐带缆的尺寸和费用，且具备响应速度更快、重量相对较轻的优势。2008 年道达尔石油公司在北海采用了 2 套 Cameron 公司制造的全电控水下采油树（井下安全阀仍需液压管线控制）。

2.3 特殊深水钻井装备

2.3.1 快速混浆装置系统

深水表层钻井不仅面临着浅水流、浅层气等浅层地质灾害风险，而且要解决地层薄弱带来的窄压力窗口钻井难题。采用动态压井钻井技术，在钻井过程中精确控制井底压力，是解决这些问题的技术发展方向。动态压井技术的核心是设备，主要包括快速混浆装置和井下压力温度测量装置。

深水表层的动态压井钻井系统实现了井底压力的自动控制，它由硬件和软件两部分组成，其主要功能是根据随钻地层压力监测所得到的实测地层压力，实时计算所需的钻井液密度、泥浆泵排量、钻柱内压耗以及所注泥浆在井筒内产生的压力分布，然后计算机控制系统根据计算结果，调节配浆池中的配浆量和配浆密度，以及控制注入泥浆的时间等，实现井底压力的自动控制。

由于深水表层钻井中井眼尺寸较大（通常为 28 in 或 26 in），需求的排量很大，而且钻遇浅层气或浅水流时，溢流到井喷发生时间比较短，因此要求动态压井装置(DKD)具有响应速度快、大排量和密度调节精度高等技术特点。同时要求井下温压测量装置(PTWD)能实时测量井底压力和温度，监测和识别井眼工况，并实时传输数据到地面计算机软件系统。DKD实物图如图2－27所示。

图2－27 “奋进号”钻井平台安装的DKD设备

2.3.2 双梯度钻井系统

为了解决深水钻井中窄压力窗口等难题，业界提出并发展了双梯度钻井技术。该技术的主要目标是在保持井底压力不变的前提下，减小深水浅层段井筒的环空压力，以减小或消除海水段带来上覆地层压力降低的影响，有效扩大钻井安全密度窗口。

双梯度钻井始于20世纪60年代后期，当时作业者寻求在300 m水深进行作业的方法。20世纪80年代后期，康菲石油公司为一种采用海水动力涡轮驱动海底泵的双梯度钻井方法申请了专利。从此以后，很多不同的方法被用于尝试实现双梯度钻井。尽管其中一些方法并不严格符合双梯度的范畴，但一个共同的目标是深水浅层井筒的环空压力尽可能实现类似于将钻井平台放在海床上的等效效果。

双梯度钻井的方法主要分为无隔水管钻井、海底泵举升钻井液钻井和双密度钻井三类。其中海底泵举升钻井液方法中使用的海底泵类型和驱动动力也可分为三种，即海水驱动隔膜泵、电力驱动离心泵和电潜泵。双密度钻井按照注入流体的不同又可分为注空心球、注气和注低密度流体三种方法。在海底泵举升钻井液钻井中可以使用隔水管，也可以不使用隔水管。而双密度钻井方法需要隔水管，无须使用海底泵，从而减少了海底装置的数量。

2.3.2.1　双梯度钻井与其他控压钻井技术的区别

尽管目前双梯度钻井还没有严格的定义，但双梯度钻井因其独有的以下特征而区别于其他控压钻井技术：

① 在所有的钻井和固井作业场景中，井筒压力在泥线处被隔离；即使双梯度系统被用于单梯度钻井，井筒压力隔离依然适用。

② 采用单独的泥浆返回管线而不是传统的用隔水管环空来返回泥浆。

③ 使用至少两种密度的钻井液。井底至泥线使用较高密度的泥浆，泥线到海面部分不使用隔水管或者在隔水管中填充与海水等密度的钻井液。

双梯度钻井井筒压力能更好地匹配地层压力窗口，消除水深对上覆岩层造成的欠压实，其在窄压力窗口钻井时具有明显的优势。

2.3.2.2　工艺类型的双梯度钻井技术

鉴于双梯度钻井的技术优势，世界主要的油气公司和钻井服务商在双梯度钻井系统试验和商业化方面做出了巨大努力，发展了不同工艺类型的双梯度钻井技术，包括无隔水管泥浆回收、隔水管钻井液稀释、控制钻井液液位和海底泵举升等类型。

1）无隔水管双梯度钻井

无隔水管双梯度钻井技术在钻井过程中不采用常规隔水管，钻杆直接暴露在海水中，依靠安装在海底井口的吸入模块隔离井眼返回泥浆和外部海水。该系统作业时，泥浆由海面泵送入钻杆，经钻杆到达井底，冲击破碎岩石并携带岩屑由井眼环空上返，在环空顶部经吸入模块进入海底举升泵，岩屑和泥浆在海底泵作用下通过泥浆返回管线返回钻井平台，经海面泥浆处理系统处理后重新进入泥浆循环系统，可有效节省泥浆用量。

从实现功能来讲，无隔水管双梯度钻井属于双梯度的一种实现方案，泥浆在海面泥浆泵的作用下经钻柱抵达井底，产生压力损耗，在上返回路中，由于海底泵在海底处的增压作用，泥浆从井底到钻井平台的返回回路中以海底面为分界线，压力梯度曲线分为两段，因回路中泥浆密度不变，理想情况下两段曲线保持平行。

无隔水管双梯度钻井系统由常规钻井装备和具有特殊用途的专用钻井设备组成，其中泥浆回收系统是该系统的关键和核心，主要包括海底泥浆吸入模块、海底举升泵模块、泥浆返回管线、控制系统、海底锚定系统等。

海底泥浆吸入模块与海底井口基盘或低压井口头连接，主要由外壳体、内部旋转轴承、支架、海底照明及录像装置等组成，其主要功能是隔离环空顶部和外部海水，提供泥浆返回管线、控制及通信信号的接口。

海底举升泵模块主要包括若干串联或并联的圆盘泵、水下变频驱动电机、压力流量检测与控制接口、泥浆返回管线快速接口、入口和出口阀门、压力传感器等。其主要功能是为上返岩屑和泥浆提供动力。其入口通过软管与海底泥浆吸入模块相连，其出口通过泥浆返回管线与海面设备相通。

控制系统包括压力传感器、工艺流程控制器等，其作用是利用压力传感器检测到水下泥浆泵系统内环空和外部静水压力差信号，通过变频装置调节电机转速以维持水下泥浆泵内部压力恒定，实现井眼环空压力控制。平台上的两个控制室，一个是人员工作区兼操作站，另一个内置有变速驱动装置、变压器、过滤器、控制系统等。动力供应系统通过变压器提供电力。所有控制系统都连接到该控制室，用来监控和维持稳定的环空压力。

泥浆返回管线主要提供岩屑和泥浆返回钻井平台的通道，同时作为节流和压井管线、海底控制电缆等的附着体。返回管线要能承受自身及所附着件重力，又要抵抗海洋环境载荷，还要具有防海水和泥浆腐蚀能力，同时其直径尽量大一些以减少摩擦损失和能量损耗。在深海泥浆返回管线中，上部管线的内外压差较小，但需要承受整个管线的载荷；下部管线虽然承受的载荷较小，但内外压差较大。因此，在管线的选用上须根据不同的工作环境区别考虑。设计时可在返回管线上布置浮力块以及钢丝绳等，降低返回管线承载，保证其可靠性和安全性。

该设备安装在钻井平台甲板外缘，在平台外侧下入安装海底泵模块等月池无法通过的设备模块，提供平台控制室和海底模块间控制与动力的连接，连接及下放泥浆返回管线、海底控制线缆等。

根据系统作业水深及钻井目标不同，系统配置有所区别。在采用以上各种关键装备的同时，需要对钻井平台相关装备进行改造，在实现无隔水管钻井的要求下最大限度地利用原有设备，降低钻井成本，提高经济效益。

2）海底泵双梯度钻井

海底泵技术是一种机械泥浆举升技术。这类系统利用一个位于海床上的泥浆举升泵，将返回泥浆分流到一个独立的小直径返回管线中进而泵回海面。20 世纪 90 年代，对于该项技术的热切期待促成多个联合工业项目同时开展，不同的海底泵设计得以开发和现场测试。其中唯一商业化的产品是 GE 公司的泥浆举升泵（mud lift pump，MLP），它起源于这些联合工业项目中的海底泥浆举升钻井。MLP 系统通常配备 3～6 个高分辨率的海底隔膜泵。与内燃机类似，隔膜泵也工作在循环模式下，来自船上的高压海水在隔膜泵中驱使泥浆回到船上。在泥浆举升钻井中，隔水管中充满与海水等密度的液体；井筒返回泥浆通过海底旋转控制头从隔水管分流，并最终通过一个独立的泥浆返回管线回到钻井船上。海底旋转控制头是井筒和隔水管之间的机械屏障，通过环空摩阻压力管理可以静态或动态地维持井底压力恒定。通常，MLP 坐在 LMRP 上，其运行与防喷器相互独立。这使得井控作业、防喷器紧急脱离与常规钻井相似。图 2－28 描绘了海底泵双梯度钻井系统的构成。

MLP 系统有两种操作模式：恒定压力模式或恒定流量模式。恒定压力模式是 MLP 的标准操作模式。压力传感器监测 MLP 入口处的泥浆压力，控制软件操纵 MLP 的运行使入口压力达到操作人员设定的压力值。如果平台泥浆泵流量加大，隔膜泵的

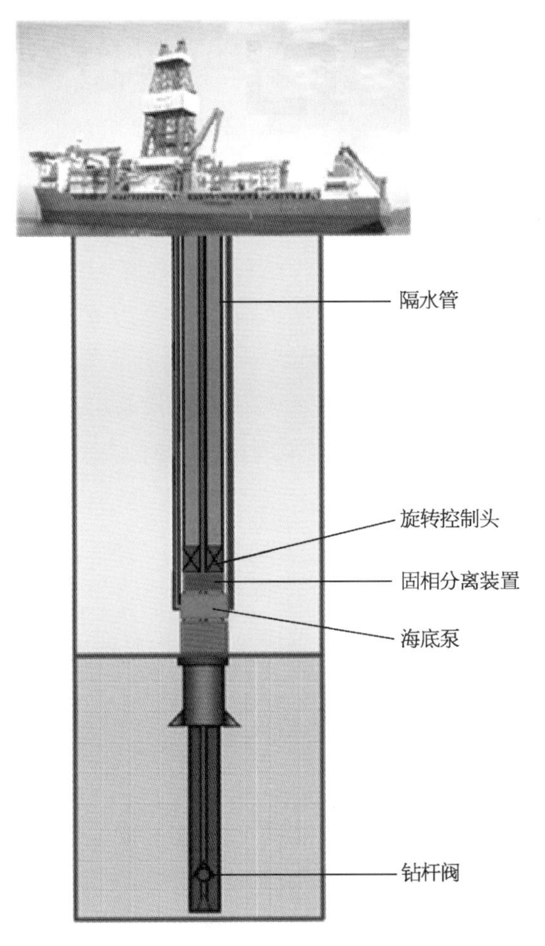

图 2-28　海底泵双梯度钻井系统

循环速度会自动加快以维持压力恒定。由于特殊设计的海底旋转控制头可以承受较大压力，MLP 系统可以适应井底压力较大范围的变化。恒定流量模式在发生井侵时工作，MLP 与平台泥浆泵协同运行来终止井侵，此时 MLP 入口压力会持续增加直至井侵得到控制。

在双梯度钻井作业中，MLP 维持一个较低的入口压力，这是因为隔水管中充满了与海水等密度的液体，更大的压力梯度是从泥线开始并贯穿井筒的。海底旋转控制头将隔水管与井筒隔离开来。当平台泥浆泵的流量逐渐降低到零时，减小的环空摩阻压力会使位于海底旋转控制头之下的 MLP 入口压力增加。MLP 控制系统中的环空摩阻压力管理功能自动维持井底压力(bottom hole pressure, BHP)恒定。

MLP 也可以用于单梯度控压钻井。此时隔水管和井筒中充满相同密度的泥浆，而海底旋转控制头仍将隔水管与井筒隔离开来。当平台泥浆泵开始增加流量直至钻进流量时，环空摩阻压力管理会减少 MLP 入口压力设定值，从而使 BHP 维持恒定。

控压钻井(managed pressure drilling, MPD)方法使用了一个非常接近于孔隙压力梯度估计值的泥浆比重和一个海底节流阀，钻井过程中实时调整背压设定值以维持预期的 BHP。必须持续地用靠近井底的随钻压力工具监测 BHP，将它作为算法输入并进而控制海底节流阀以达到所需要的背压。MLP 控制系统在海底泥浆举升钻井联合工业项目中经过了深水双梯度钻井的测试。

通过海底节流阀可以瞬间施加（或移除）一个“虚拟”的泥浆重量，这在发生井侵或井漏时比传统的改变循环泥浆比重方法要快得多。其他优势还包括对于泥线以下环空摩阻压力损失的计算更加准确，这是因为它基于对环空中两个点的压力测量，即通过随钻压力工具测量的 BHP 和靠近海床的海底节流阀附近的压力。

实时监测井筒压力使得精确调整环空摩阻压力成为可能，由此可以带来额外的优势，例如井侵（或井漏）检测更加迅速，可采取措施及时纠正以控制井筒流动。当然，快速响应特性对于风险控制的初级阶段是很重要的，尤其是针对井漏、压差卡钻、失压或井涌以及井壁失稳等情况。

双梯度钻井能有效解决由于水深引起的窄压力窗口等问题，是深水钻井发展的趋势。尽管世界上几个主要油气公司在双梯度钻井应用方面进行投资已有 20 多年，但对于整个石油天然气行业来说，双梯度钻井仍是一项崭新的钻井技术。到目前为止，海底泵双梯度钻井系统的设计和操作流程仍不十分成熟，还需要更多的研究和现场测试来使这一新技术更加可靠、自动化程度更强，从而最终被广泛接受使用。

目前，由 GE 公司研发的海底泵双梯度钻井技术已推向现场应用阶段，雪佛龙公司在其深水钻井船“Pacific Santa Ana”上首次应用了海底泵双梯度钻井设备。该系统由常规的钻井设备和具有特殊用途的钻井设备两大类设备组成。其地面设备与常规钻井设备一样（或者经过升级改造），系统需要开发的关键设备和装置包括泥浆阀、钻柱阀、固相处理装置和钻井液举升装置，其中钻井液举升装置由旋转分流器、海底钻井液举升泵和双梯度隔水管组成。在进行钻井作业时，钻井液经过钻杆、钻柱阀和钻头进入井眼环空。在海底井口的一个海底旋转分流装置分隔开井眼环空和隔水管环空，钻井液转而进入固相处理装置。固相处理装置处理包括岩屑在内的所有大直径固相颗粒，处理后的固相颗粒进入放置在海底的钻井液举升泵，钻井液举升泵通过隔水管回流管线循环钻井液和钻屑至海面进入钻井液循环池。海水静压力作用在井底，从而在井眼返回回路中形成双压力梯度。在国内，由中集来福士牵头的第七代深水钻井平台研发项目组也在对双梯度钻井系统进行配置可行性研究。鉴于双梯度钻井技术在解决深水窄窗口问题方面的优势，随着技术和装备的逐渐完善，其必将成为新一代深水钻井技术。

2.3.3 井底恒压钻井系统

2.3.3.1 井底恒压钻井原理

井底恒压（constant bottom hole pressure，CBHP）的 MPD 又称为当量循环密度（equivalent circulating density，ECD）控制，是一种通过环空循环摩阻、节流压力和钻井

液静液柱压力来精确控制井眼压力的方法。设计时使用低于常规钻井方式的钻井液密度进行近平衡钻井。循环时井底压力等于静液柱压力加上环空压耗；当关井、接钻杆时，循环压耗消失，BHP 处于欠平衡状态，在井口加回压使 BHP 保持一定程度的过平衡，防止地层流体侵入，理想的情况是静止时在井口加的回压等于循环时的环空压耗。

在 CBHP 的控压钻井作业中，无论是在钻进、接单根，还是起下钻时均保持恒定的环空压力剖面，在钻进孔隙压力-破裂压力梯度窗口狭窄的地层或存在涌-漏同层现象时可实现有效的压力控制。通过综合分析井下测量数据和水力学模型的计算结果，及时调控 MPD 的控制参数（流体密度、流体流变性能、环空液面、井眼几何尺寸、井口回压、水力学摩擦阻力等），从而精确控制 BHP，使之接近于恒定，避免压裂地层或发生井涌。

在 CBHP 的 MPD 中，钻井液密度可能低于孔隙压力，但这并非欠平衡钻井，因为总的钻井液当量密度仍高于地层孔隙压力，属于 MPD 技术的范围。液相水基钻井液进行 MPD，钻井液密度需要低于地层孔隙压力。在这种情况下，对发生意外侵入的流体应当使用专用的井口装置和流体处理设备，使侵入流体得到适当控制。

CBHP 的 MPD 技术能调整环空压力剖面，精确控制 BHP，非常适合深井、窄密度窗口地层钻井。

2.3.3.2　控压钻井的工艺流程

在封闭循环系统中，钻井液从钻井液池通过钻井泵到立管进入钻杆，通过浮阀和钻头上部的环空，然后从旋转控制装置下方的环形防喷器流出，再通过一系列的节流阀，到振动筛或脱气装置，最后回到钻井液池。环空中的钻井液压力通过使用旋转控制装置和节流管汇，被控制在钻井泵出口和节流阀之间。

MPD 系统通过井的模拟程序来反馈数据，该程序能读取和处理包括井身结构和直径、地层数据、钻柱转速、渗透率、钻井液黏度、钻井液密度和温度等数据，然后预测环空压力剖面。

环空任意点的压力由钻井液静液压力、环空摩阻压力和地面的回压三部分组成。由于钻井液静液压力在给定期间基本上是常数，所以能快速变化的其余两个参数是环空摩阻压力（适当改变钻井泵速度）和地面的回压（通过自动的节流系统控制）。

当决定需要调控压力剖面时，为了达到所需要的环空压力剖面，在模拟控制下节流阀自动调节以改变因环空的钻井液流速增加或减小而引起的环空摩阻压力的变化。用于 MPD 系统的自动控制压力系统能自动调节节流阀，产生必要的微小调节量来维持所需的环空压力剖面。

在 MPD 系统中，当钻井泵减速且钻井液流量减小时，由于环空摩阻压力的减小，会出现较低的流动速度，也就会产生较低的环空摩擦力，环空摩阻压力的减小量一定会同时被节流阀的回压所代替，钻井中的模拟控制程序也就连续不断地送出新的压力校正信号，并且自动控制压力系统会调节并保持所需的压力。

1）钻进过程

在钻进过程中，钻井液由钻井泵经水龙头、立管、钻杆进入井底，然后再经环空上返到井口，经井口节流管汇和钻井液分离设备回流到泥浆池，完成一个钻进过程循环。在井底，井下压力随钻测量系统在随钻过程中可以实时测量井底环空压力数据，通过专用泥浆脉冲发生器将数据实时传送到地面。在井口地面上，综合压力控制器利用装在节流管汇上的压力检测仪器监测回压，使它保持在水力模型实时计算得出的范围内。如果检测到压力异常，综合压力控制器对节流管汇发出指令，节流管汇迅速做出适当调整。节流管汇管线口径大，配有备用阀并具有自动切换功能，可保证钻井液流动畅通。节流阀的最大内径是 3 in。如果岩屑阻塞节流阀，综合压力控制器会自动开大节流阀，泄压并清除岩屑；如果节流阀置于最大位置却仍不能泄压，综合压力控制器会自动切换到备用阀并报警。

2）接单根过程

在接单根过程中，钻井泵停止工作，井下由于泥浆的中断造成井底压力下降，环空中产生动态压差，导致泥浆循环漏失等问题，此时综合压力控制器自动关闭钻进节流管汇、启动备用回压泵，回压泵在综合压力控制器的控制下立刻对井口回压变化迅速做出调整，向节流管汇供钻井液，使它保持在水力模型实时计算得出的范围内。如果检测到压力异常，综合压力控制器对二级节流管汇发出指令，二级节流管汇迅速做出适当调整，保持回压，维持井底压力在安全窗口内。

连续循环系统也可以视为一种恒 CBHP 钻井工具，它可以在钻井过程中增强对 ECD 的控制，提高在狭窄压力窗口下的有效钻井能力。连续循环系统有利于大斜度井、水平井以及深水钻井，便于狭窄钻井液密度窗口井和压力敏感井的钻进，有利于促进欠平衡钻井技术的发展。以中国海油、远东石油联合研制的连续循环系统在南海东部的应用为例，ECD 控制 12.03～12.97 lb/gal，波动压力 2.4%～4.5%（非连续循环钻井波动压力大于 6.3%），岩屑运移效率＞90%，携屑效果好，无岩屑床和沉砂阻卡问题，泥浆岩屑浓度＜0.5%，泥浆密度增加值 0.3～0.9 lb/gal；在高温高压钻井中，配合多参数实时联动调控微压差的连续循环钻井技术，实现了极窄压力窗口井段 ECD 精确控制在高于地层压力 0.01～0.02 g/cm^3 的极小压力波动值，极大地降低了高温高压复杂井的井下事故率。

2.3.4 水下井口切割回收工具

按照国家海洋局的要求，800 m 水深以内，或者水深超过 800 m 但是政府有特殊要求的油气井，在实施永久弃井前，必须清除泥线以上的构筑物，且必须对水下井口系统从泥线下 4 m 左右进行切割，并将其从海底清理回收到平台上，这就是深水水下井口系统的切割回收。

深水水下井口切割回收作业是在弃井前、准备拖离平台时，井口头内各层套管被取出并起出隔水导管和防喷器系统后，高压井口头裸露在海水中进行的，是无隔水导管深水水下作业的一部分。由于作业水深大、作业环境恶劣，因此深水水下井口切割回收的作业难度大，需要专业的技术与装备。

一般情况下，海底结构物以及井下管柱的切割方式主要有爆破切割、化学切割、磨料射流切割、钻粒缆切割、机械式割刀切割（简称“机械式切割”）、外悬挂式水力割刀切割（简称“外悬挂式切割”）等。爆破切割的断口极不规则，而且可能对海底生态环境造成损害、带来环保问题。化学切割过程中会产生有害物质，目前在油田开发中的使用受到限制。钻粒缆切割仅能用于外表面切割。国内磨料射流技术发展较快并且已成功用于实际浅水弃井作业中，但是要用到深水切割大套管，还有大量问题需要克服，目前尚无法用于深水弃井作业。真正可以用于深水油气田水下井口切割作业的主要有机械式切割、外悬挂式切割。

机械式切割用于较浅水深，切割单层套管时效果较好，但切割多层管柱的效率很低，特别是当水深较深时，由于海流的作用，在切割过程中钻杆的振动比较大，刀具易偏心，容易发生切割事故而无法完成切割作业。机械式切割又包括机械式座压切割和机械式提拉切割，其中机械式提拉切割部分解决了水深带来的作业难题，因此可用于较深水深的切割作业。

外悬挂式切割能够平稳地切割多层套管，而且水力割刀的驱动动力在水下（采用螺杆马达），因此受水深的影响很小，即使是在套管不同心的状态下，切割效果也很好，因此目前国内外的深水平台弃井作业普遍采用外悬挂式切割工具。

对于小于 300 m 水深的水下井口弃井切割作业，可采用较简单的切割管柱压住井口头的机械式座压切割，采用的切割工具和工艺比较简单，如图 2－29 所示。

在切割钻柱受压弯曲的环境条件下，靠钻柱一部分重量压住旋转头压在高压井口头上，靠钻柱转动带动割刀实施对井口导管的机械式切割。

1）机械式座压切割缺点

① 在无隔水导管约束环境下，受压弯曲钻柱自转并公转形成弯曲甩动，并可能造成钻柱沿轴向伸缩的纵向振动。当某一激励与钻柱自身的固有频率接近时，会发生钻柱位移场突变的共振现象，其交变应力和振幅的变化容易导致断钻具事故发生。

② 由于旋转头与高压井口头之间没有相对固定关系，切割过程中刀具晃动大，不易扶正，不能保证刀片在一个水平面上切割，容易对管体形成椭圆切口，而且刀片受力不均，极易卡鳖，割刀工况十分恶劣。

③ 旋转头位置与 20 in 内捞矛位置的长度配置烦琐且不精确，造成捞矛挡环顶着高压井口内台肩进行切割，捞矛极易磨损碰撞井口头内密封面，造成高压井口头报废损失。

④ 容易造成捞矛捞不住，或捞矛易卡在高压井口头内捞住而不易卸脱的问题。

⑤ 容易发生井口头割断后的倾倒或导向基座连同导向绳缠绕在一起的问题，造成打捞困难。

⑥ 当 20 in 套管割断，而 30 in 导管未断完，需要换刀时，常发生刀片鳖进割缝内被

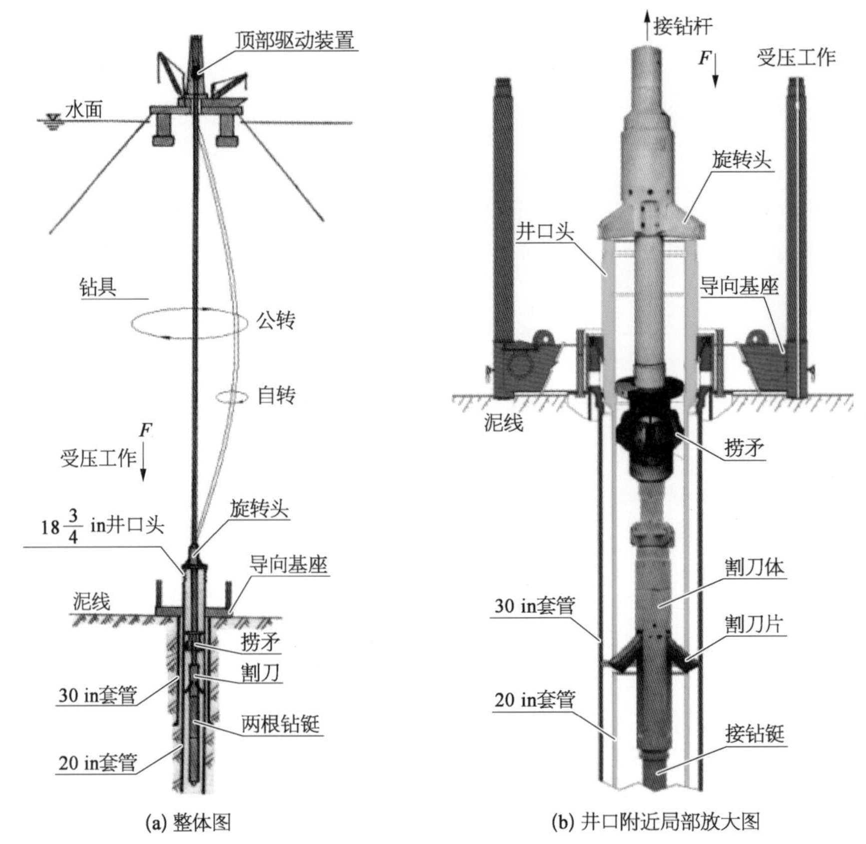

(a) 整体图　　(b) 井口附近局部放大图

图 2-29　机械式座压切割水下井口示意图

卡死而起钻换刀难的问题。

⑦ 切割钻柱受风浪流影响严重，天气条件往往增加了许多非生产时间。

对于水深较浅的水下井口弃井切割作业，尽管座压切割有诸多问题，但其钻具短、甩动半径不大，因此当海洋环境条件较好、作业者经验丰富时，仍可较好地完成水下井口的切割作业。而在深水井中，钻柱受压弯挠度太大，座压切割办法不再可行。因此，水下井口系统座压切割回收技术可用于浅水，无法用于深水。

2）外悬挂式切割优点

机械式提拉切割的核心是一套结构较为复杂的外悬挂式切割回收工具。该系统靠特制的外悬挂器卡挂在水下井口头上，上部钻柱处于受拉状态，钻柱旋转时永远处于垂直状态，甩动半径小，作业平稳，从而克服了座压切割带来的问题。

外悬挂式井口切割回收工具系统具有如下优点：

① 提拉切割时，外悬挂工具的卡爪在受控状态下抱紧 $18\frac{3}{4}$ in 高压井口头，切割钻柱处于受拉状态，避免过大弯曲甩动问题发生；切割钻柱与水下井口系统连为一体，钻柱下部的纵向振动变小，切割平稳，对中性好，切割效率高，从而减少了椭圆切口、井口

割断倾倒等问题。

② 钻柱处于提拉状态的动力切割，作业平稳、高效、安全。

③ 高压井口头内密封面得到很好的保护，不会有磨损撞击破坏密封面问题发生。深水高压井口头的重复使用可大大降低设备费用。

④ 由于切割钻柱下部有伸缩短节，可有 0.5 m 活动伸缩距，便于刀片的收拢和防卡，中途换刀快捷、方便、安全。

⑤ 外悬挂工具就是提捞工具，免去了捞矛打捞作业的复杂和不安全问题发生，而且工具从井口系统解脱容易，提升回收安全可靠。

⑥ 风浪流对该切割工具影响小，提高了对恶劣天气条件的适应性，减少了非生产时间。

机械式提拉切割仍然需要采用顶驱作为动力，切割时钻柱仍然需要转动。虽然钻杆受拉而不受压，但是钻杆在海流的作用下仍然会发生弯曲，所以仍然会造成一定的甩动，或因井口不正对时连接丝扣处受到交变应力作用，仍然会带来一些问题。因此，在此基础上，国外又对水下井口切割工具进行了改进，采用螺杆马达作为动力。由于螺杆马达位于井口内，动力切割由液力驱动螺杆马达带动割刀实施切割作业，受力状况优于机械式提拉切割。这时钻杆的作用是下入切割工具、提供高压钻井液通道（驱动螺杆马达）并且回收切割工具和井口。

综上所述，切割回收方式的选择，无论浅水、深水还是超深水，均已基本摒弃老式的座压切割方式，而选用外悬挂式切割回收。结合考虑经济性因素，对不同水深可采用不同的切割回收方式：对于水深小于 800 m 的弃井切割作业，宜选用机械式提拉切割（顶驱或转盘驱动）；而大于 800 m 水深时，则选用动力切割方式。

3）外悬挂式切割国产化特点

中国海油和远东石油公司根据国内作业需求，实现了外悬挂式动力切割工具的国产化，如图 2－30 所示。

外悬挂式切割国产化特点如下：

① 设计采用提拉与下压双程序径向离合器。在提拉切割作业实践中，当 508 mm 表层套管割断后，磨削并张开刀杆切割 762 mm/914 mm 导管时，高压井口头与低压井口头连接卡簧滑脱致使高压井口头连同割断的 508 mm 套管一起被拔出的情况，占了总作业量 60％以上。要将水下井口系统全套切割完整体提捞上来，必须把 508 mm 套管连同高压井口头插回低压头内，再次锁紧卡簧，继续切割外层大导管。此时为防止再拔出就只能在高压井口头加压的状态下实施切割作业，单轴向离合只能提拉作业，无法实施下压切割作业。为此改进设计了径向拉压双程序离合装置，解决了这个问题，在南海深水弃井作业中发挥了很好的作用。

② 外悬挂器系统同时配套水下旋转头和动力螺杆。当实施机械式切割时，用顶驱或转盘带动钻柱旋转驱动水力割刀切割，必须在外悬挂器芯轴上与钻柱之间组配水下旋转头，用于传递扭矩和循环液流；而当实施动力切割方式时，必须用螺杆马达替换外

图 2-30　国内研制外悬挂式切割工具现场作业

悬挂器芯轴。支撑外悬挂器重量施加在螺杆外壳体上，就要有与外悬挂器内腔配合的提放结构设计，并且该位置与下部割刀系统配长要满足割口在泥线下 4 m 的要求。

③ 增加标记套和环形滤网，改进了水力割刀、滚轮扶正器，进一步提高了切割的稳定性。

第 3 章　深水钻井设计

本章主要介绍深水钻井设计技术，其内容主要包括浅表层地质灾害控制技术、表层钻井设计和作业技术、深水地层孔隙压力预测技术、深水井身结构设计技术、深水钻井水力学设计技术、深水钻井井涌和井控技术、深水钻井隔水管设计技术。

3.1 浅表层地质灾害控制技术

3.1.1 浅层地质灾害影响

影响深水钻井的浅层地质灾害主要包括浅层气、浅水流。

浅层气通常是指在海底以下数十米至数百米地层内所聚集的气体，它们尚未形成矿床，却具有高压性质，会引起火灾甚至导致整个平台烧毁。地层含气还会降低沉积物的剪切强度，影响钻井工程。

浅水流出现在深水(水下 400～2 500 m)超压、未固结砂层中，是深水油气开发中常遇到的地质灾害问题。深水钻井在沉积层顶部钻遇细粒沉积砂层，沉积砂层压力非常高，以至于在井孔内产生强烈的砂水流，从而导致钻井的巨大损失。另外，当钻入含水层后，套管周围土体的强度会降低，由此会带来套管弯曲、防喷器沉入泥线和井失控的问题。

3.1.2 浅层地质灾害预测方法

1) 存在浅层气的特征及表现形式

在声学剖面记录上，浅层气存在的主要特征有：地震反射波相位倒转，海底反射杂乱；声速衰减，海底出现空白带；在气体层顶面出现“亮点”反射；海底地震剖面上的记录突然产生位移和出现面罩；海底上方水体中冒气泡；在地震剖面上呈现“烟囱”状的记录现象。具体可表现为以下四种形式：

① 侧扫声呐图像出现“麻坑”。

② 浅层剖面记录上海床面突然出现洼坑、气道，或原来连续的地层突然出现空白或模糊一片。

③ 高分辨率浅层地震(如声脉冲发射器、轰鸣器系统)剖面记录上，浅层气呈现强反射，黑色浓度反映含气量与压力的大小。

④ 浅层气在多道数字地震剖面记录上最明显的标志是“亮点”，这是高振幅、负相位反射引起的不连续、颜色加深了的反射信号。

2）确定砂层的方法

海底浅水流的预测，可采用区域特性及可用数据来确定是否有砂层，是最有效的方法。通常确定砂层有以下几种方法：

① 利用周围已钻井多方位随钻测量数据，来判断浅层砂是否存在。

② 利用已钻井及目标井的三维及二维地震曲线，来配合确认地层性质。

③ 辨别已钻井的与砂层相关的各种地震特征（振幅、能量半衰时、连续性、地震相等）；例如，在已钻井的地震数据上有不连续的振幅扩大，那么可能预示着有砂层的存在。

④ 比较已钻井和目的井之间地震数据特征的不同，确定与砂层相关的地震反应。

⑤ 利用三维地震特征预测砂层地震相，来确定目标井当地的地层结构及层位。

⑥ 根据预设井场周围的二维地质灾害数据，增强地层解释及地震相的解释精度。

浅水流必须要有足够的压差才能够形成液流。利用地震数据可以辨别出可能存在的浅层含水砂层之上是否存在盖层（一般情况下盖层在地震数据上显示为高亮点且为连续区域）。如果盖层不存在或者在目标井附近存在断裂，砂层就很难储存大量压力。如果盖层存在，就用地震相关技术来计算地层的沉积速度，若沉积速率不大，砂层也应该没有明显的压力。若上覆沉积层的沉积速率大于该值，就应该认为砂层可能存在超压。地震数据可以绘制出盖层的上覆沉积层的等厚线，从而更易于识别出可能存在超压的存在。

3）预测浅层气和浅水流存在的方法

对于浅层灾害，可以通过以下几种方法来预测浅层气和浅水流的存在。

（1）开路循环条件下浅层地质灾害监测技术

① 比较已钻井和目的井之间地震数据特征的不同，确定与浅层气、浅层流相关的地震反应。

② 利用三维地震特征预测浅层气/浅层流地震相，来确定目标井当地的地层结构及层位。

③ 根据预设井场周围的二维地质灾害数据，增强地层解释及地震相的解释精度。

（2）闭路循环条件下浅层地质灾害监测技术

对于使用隔水管后的闭路循环条件下浅层地质灾害监测方法，可通过随钻录井仪和环空随钻压力测量仪等工具来提供监测手段。如果发生浅层气，综合录井仪上出口泥浆的气测值就会有变化：气测值增大，出口的电阻率增大，出口流量增加。如果发生浅水流，综合录井显示出口流量增加，电阻率减小。通过这些现象，来建立海底浅层气和浅水流的监测模型。综合录井显示特征见表 3-1。

表 3-1 综合录井显示特征

地质灾害性质	气体显示			钻时	钻井液性能		电阻率
	全烃	泥浆含气量	甲烷		密度	黏度	
浅层气	增高	增高	增高	降低	下降	上升	增高
浅水流	无显示	无显示	无显示	降低	下降	下降	下降

3.2 表层钻井设计和作业技术

3.2.1 深水表层钻井设计

深水导管下入方式主要有钻入法和喷射法。钻入法按照常规钻井、下套管、固井程序下入表层套管；喷射导管技术利用钻头水射流和管串的重力，边喷射开孔边下导管，将导管下到位，钻至预定井深后，静止管串，利用地层的黏附力和摩擦力稳固住导管，然后脱手送入工具并起出管内钻具，从而完成导管的安装，喷射作业能够节省作业时间。钻入法与喷射法的选择主要取决于土壤强度，在深水海底软黏土环境条件下主要采用喷射法。

喷射导管钻井时钻井液返出不通过导管和井眼的环空，而是通过导管和管内钻具的环空从送入工具上的返出口返出。钻井过程中必须监测浅层水流，以降低由浅层水流带来的风险。为了控制浅层水流，需要利用动态压井系统来实现钻井液密度的快速调整，从而使压井钻井液的密度保持在地层压力和破裂压力窗之间。

喷射导管钻井时使用随钻测量系统监控井斜角变化，同时喷射钻孔下导管到位后无须固井，静止管串一段时间，等待疏松地层收缩稳固住导管，然后倒开送入工具，起出管内钻具，施工即告完成。喷射导管深度需要根据海底土壤性质和导管承重等因素分析计算，一般来说，墨西哥湾海域喷射导管深度在 80 m 左右。

对于喷射法下导管，要建立合理的导管下入深度计算模型，就必须考虑导管载荷、导管尺寸、导管与海底土的胶结力、海底土性质等因素影响。导管的轴向载荷是影响其下入深度的主要因素，其轴向载荷大致由以下几部分组成：管柱上提载荷、底部钻压、导管自重、钻柱自重和侧壁摩擦力。

由导管受力分析(图 3-1)，在喷射下入过程中垂直方向上可得如下受力平衡方程：

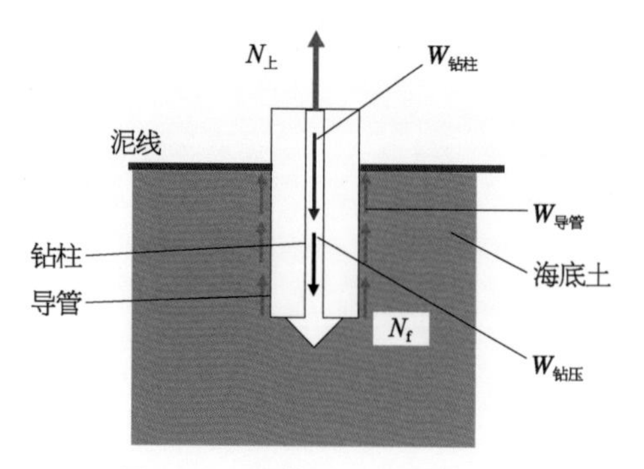

图 3-1　导管下入受力示意图

$$N_{上} + N_{f} + W_{钻压} = W_{导管} + W_{钻柱} \tag{3-1}$$

式中　$N_{上}$——上提管柱的轴向载荷(kN)；

N_{f}——导管侧向受到的摩擦力(kN)；

$W_{钻压}$——喷射过程中施加给海底土的压力(kN)；

$W_{导管}$——导管在海水中的重量(kN)；

$W_{钻柱}$——钻柱在海水中的重量(kN)。

只有当 $N_{f} \geqslant W_{导管} + W_{钻柱}$ 时，导管才能保持稳定，而不发生失稳下陷。

在给定载荷条件下导管入泥深度计算模型如下：

$$H \times \pi \times D \times f(t) - W \geqslant 0 \tag{3-2}$$

表层导管最小入泥深度计算模型为

$$H_{\min} = \frac{W}{\pi \times D \times f(t)} \tag{3-3}$$

式中　H——导管入泥深度(m)；

$H_{\min}$——导管最小入泥深度(m)；

W——给定的管柱载荷(包括导管自重)(kN)；

D——导管外径(m)；

$f(t)$——导管与海底土之间的摩擦力系数，其大小取决于海底土与导管接触时间长短(kN/m^2)。

从式(3-3)可以看出，导管的下入深度与导管上部所受的载荷、导管直径、导管壁厚、侧向摩擦力有关。由于导管的直径、壁厚一般是确定的，所以导管的入泥深度只与导管上部所受的载荷和侧向摩擦力有关。

喷射法下入导管过程中，钻井导管与周围海底土之间的摩擦力，与喷射后的静止时间有很大关系。由模拟试验可得导管与海底土固结强度随时间变化关系曲线，如图 3-2 所示。

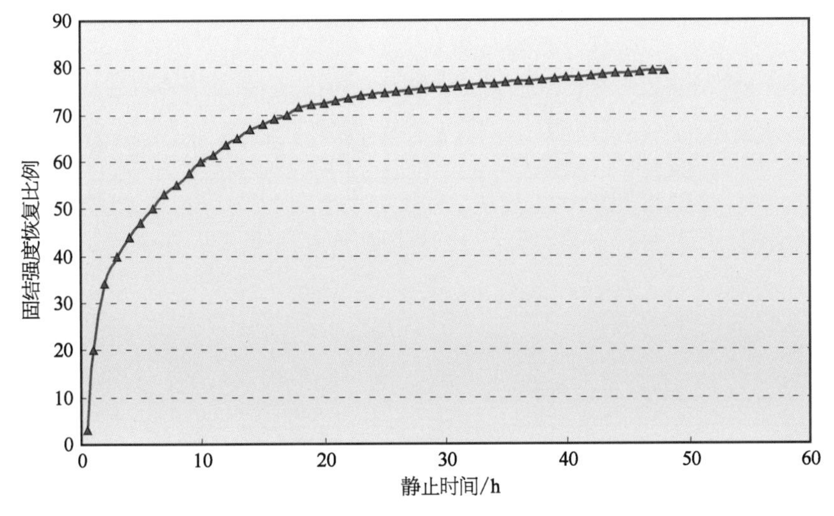

图 3-2　导管与海底土固结强度随时间变化关系曲线

导管桩与海底土之间的摩擦力随时间的变化规律可用下式表达：

$$\tau = 0.002\,6\ln t - 0.000\,2 \tag{3-4}$$

式中　τ——导管与海底土之间的单位面积摩擦力(MPa)；

t——导管与海底土之间的作用时间(h)。

根据喷射导管侧向摩擦力计算结果，在实际施工过程中可根据现场给定的施工时间来确定合理的钻井导管下入深度。

导管套管强度计算与校核介绍如下：

(1) 抗挤强度

套管在外挤压力作用下的破坏与受压杆件的破坏相似，根据径厚比不同可分为失稳破坏和强度破坏两种形式。径厚比较大时属于失稳破坏，即当外力达到某一临界值时，套管产生弯曲变形而被挤扁；径厚比较小时属于强度破坏，即当外压力达到某一值时，套管管壁发生强度破坏。API 规范根据套管外径与壁厚比值和套管材料屈服强度，将套管抗挤毁压力的计算分为四种公式分别进行，即屈服强度挤毁压力、塑性挤毁压力、塑弹性挤毁压力和弹性挤毁压力，这四种公式应用的范围取决于径厚比的大小。

(2) 抗内压强度

套管的内压破坏发生于管体爆裂、接箍断裂或接箍压漏。为此，API 规范对套管和油管规定了两项附加的抗内压强度，从管体爆裂压力、接箍断裂压力和接箍压漏压力三者中取最低值作为套管或油管的抗内压强度。

(3) 钻压的控制与设计

喷射导管钻井的主要控制参数为钻压。保持合适的钻压，一方面可以保证导管在施工过程中处于垂直状态，另一方面保证钻具外环空畅通，确保钻井液从导管和管内钻具之间返出。如图 3-3 所示为喷射导管钻井时位于泥线以下的管串浮重与导管入泥深度的对应关系，并由此绘制出钻压区间。最大喷射管串总质量为导管管串、管内钻具组合、井口头短节和送入工具在海水中的质量之和。钻压控制的原则是：用钻入泥线以下管串自身重力钻进，保持泥线以上导管和钻杆处于垂直拉伸状态，即保持中和点在泥线以下，控制钻压大于入泥导管的重力，小于入泥喷射管串总重力。

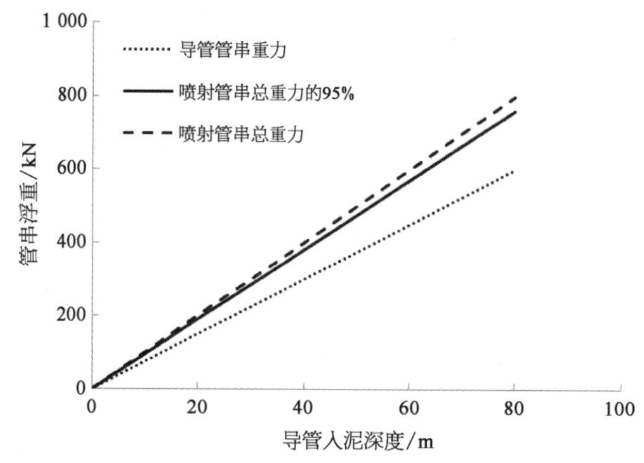

图 3-3　管串浮重与导管入泥深度关系曲线

3.2.2　深水表层作业风险及应对措施

1）井口下沉

开始钻进时，使用较小的排量，将冲蚀浮鞋处的风险降至最低，并使用水下机器人监测井口是否下沉；一旦发生井口下沉，立即停止钻进、停泵，继续吸附 36 in 导管。

如果停止钻进后，井口继续下沉，要继续上提拉住导管，但过提不能超过 50 klb，因为超过 75 klb 时就会剪断导管送入工具和 36 in 低压井口头之间的连接销定。如果过提 50 klb 不能阻止井口继续下沉，可以考虑反转钻柱，重新和导管送入工具锁紧，这样就可以把导管拔出，继续吸附或起出导管，在备用井位重新开钻。

2）作业窗口窄，ECD 的控制难度大

由于深水表层地层破裂压力梯度比较低，所以必须用随钻测量系统监测井底 ECD，根据情况控制机械钻速以控制 ECD；要及时用搬土清扫浆和瓜胶清扫浆清扫岩屑。

除刚开始钻进 30 m 左右为避免冲蚀 36 in 导管鞋采用小排量外，其后要尽可能大排量(1 100 gal/min)钻进(不能超过马达极限排量)，以清洁井眼；刚开始钻进采用低转速 20 r/min 稳定 36 in 导管鞋处地层，扶正器出 36 in 导管鞋后，逐步提高转速至 110 r/min，尽可能地破坏岩屑床，利于携岩保持井眼清洁。

3）浅水流或浅层气

通常浅层气或浅水流当量压力梯度为 9.3 g/cm。遇到浅层气目前有两种观点：其一，必须加重泥浆进行平衡，而后可以用重浆法钻进或下套管固井；其二，可以采用海水快速强行钻进，钻至设计井深后再进行循环处理，这种方法不易控制，有风险，通常采用动态压井工艺。动态压井工艺是在无隔水管钻井期间，使用快速混浆装置动态调整压井液密度，边压井边钻进、边泵入边排放的钻井技术。该方法的关键点是发现浅水流后，立即使用快速混浆装置将备用的重泥浆快速混配为压井泥浆，并泵入井内快速压住水流或气流，且使用压井泥浆继续钻进到该井段的设计深度。

3.3　深水地层孔隙压力预测技术

3.3.1　孔隙压力预测的 Bryant 方法

Bryant 提出了一种方法——二维泥页岩孔隙压力预测技术，该方法不需要大量的数据来预测孔隙压力。其所需数据包括水深、正常孔隙压力梯度、最大和最小的伽马射线值、泥页岩中水的电阻率。该方法表示如下：

$$S/Z = OB + 2.64^{E^{-5Z}} - 1.97^{E^{-9Z^2}} + 6.6^{E^{-14Z^3}} - 5.97^{-19Z^4} \tag{3-5}$$

式中　S——上覆岩层压力（MPa）；

Z——真实垂直深度（MPa）；

OB——泥线上的覆岩层压力梯度，通常取作 0.850 psi/ft。

正常孔隙流体压力被用于计算正常基岩压力，利用 Terzaghi 有效主应力来计算 σ_N：

$$\sigma_N = S - P_N \tag{3-6}$$

最大和最小伽马射线用于指出电阻率测井中的泥页岩点，从而计算纯泥页岩地区的泥页岩孔隙度。利用 Archie 方程中的地层电阻率系数，Bryant 利用 Archie 方程来计算泥页岩中的孔隙度（虽然 Archie 方程一般是用于计算清洁砂岩地层的）：

$$\phi = \exp\left(\frac{\ln R_w - \ln R_{sh}}{m}\right) \tag{3-7}$$

式中　R_w——泥页岩中水的电阻率；

R_{sh}——由测井得到的泥页岩电阻率。

在这一方法中孔隙指数通常取 2.0。然后他利用 Baldwin 和 Butler 关系来计算黏土压实状态：

$$Z = Z_{max} e^{6.35} \tag{3-8}$$

式中 e——$e = 1 - \phi$，表示致密程度；

Z_{max}——$S = 1$ 处的深度，代表孔隙度为 0。

利用 Rubey 和 Hubbert 方程的有效应力关系，方程可变形为

$$\sigma_{act} = \sigma_{max}(1 - \phi) \tag{3-9}$$

将式(3-7)代入式(3-9)可得

$$\sigma_{act} = \sigma_{max}\left[1 - \exp\left(\frac{\ln R_w - \ln R_{sh}}{m}\right)\right] \tag{3-10}$$

利用这个方程，把每个层位的 σ_{act} 都计算出来，可得到垂直有效应力。

这种一维的孔隙压力预测方法，对于非专业人士是比较简单的方法。因为其中上覆岩层压力的计算和深度与致密程度的关系只适用于墨西哥湾。

3.3.2 孔隙压力预测的 Alixant 方法

Alixant 和 Desbrandes 像 Bryant 一样利用了一个双单元模型来定义孔隙压力。提出这种新方法的原因是之前的方法中存在两个困难。这些困难是建立一个该地区的趋势线以及寻找岩石物理量之间的经验关系，如测井数据和孔隙压力梯度之间。该方法与之前 Holbrook 和 Bryant 一样有两个相同的单位，即岩石物理的单位和机械单位。

岩石物理单位估算了泥页岩孔隙度，它是孔隙压力的指标。而机械单位则利用 Terzaghi 有效主应力和孔隙-有效应力关系来估算孔隙压力。这两种方法的方程和假设都不同。

Alixant 和 Desbrandes 利用 Perez - Rosales 方程来获得孔隙度：

$$R_0/R_w = 1 + G[(1 - \Phi)/(1 - \Phi_r)] \tag{3-11}$$

式中 G——表征颗粒形状与圆球颗粒差异的地质因素；

Φ_r——剩余孔隙度，它不会影响电导率。

这些参数会随着地层岩性的变化而变化。

和 Bryant 一样，他们也假设页岩孔隙中水的电阻率在全井中是常数。然而，Alixant 和 Desbrandes 在其模型中还是引入了温度修正系数。他们利用下式计算边水电阻率的真实值：

$$R_{wb} = 297.6T^{-1.76} \tag{3-12}$$

式中，T 的单位是℉。为了计算模型中所需的孔隙度，他们利用了 Perez - Rosales 公式。他们利用地层一维压缩成形机理，利用 Perez - Rosales 公式计算垂直有效应力：

$$\sigma_{ev} = 10^{(r-r_i)(1-I_c)} \tag{3-13}$$

式中 r——空隙比，定义如下：

$$r = \phi/(1-\phi) \tag{3-14}$$

r_i、I_c——分别为初始空隙比、压缩指数，可以从给定地层的实验室岩心分析中得到。

在得到 σ_{ev} 之后，他们利用 Biot 多孔弹性理论和有效应力发展计算孔隙压力：

$$\sigma_{ev} = S_v - \alpha P_p \tag{3-15}$$

式中，α 取 1。这个方法中还需要 G、Φ_r、I_c、r_i 作为标定系数，但是对于一个新的地区，要获得这么多参数是十分困难的。

3.3.3 孔隙压力预测的 Eaton 方法

Eaton 法是预测孔隙压力应用最广泛的定量方法之一。该方法是 Eaton 根据墨西哥湾等地区经验及理论分析建立起来的地层孔隙压力与测井参数之间的关系式。

根据计算中运用的数据不同，有以下几种不同的 Eaton 方程：

(1) 电阻率法

$$PP = OBG - (OBG - PP_N)\left(\frac{R_0}{R_N}\right)^x \tag{3-16}$$

(2) 电导率法

$$PP = OBG - (OBG - PP_N)\left(\frac{C_N}{C_0}\right)^x \tag{3-17}$$

(3) 声波时差法

$$PP = OBG - (OBG - PP_N)\left(\frac{DT_N}{DT_0}\right)^x \tag{3-18}$$

(4) 层速度法

$$PP = OBG - (OBG - PP_N)\left(\frac{V_0}{V_N}\right)^x \tag{3-19}$$

(5) D_C 指数法

$$PP = OBG - (OBG - PP_N)\left(\frac{D_{C0}}{D_{CN}}\right)^x \tag{3-20}$$

式中　PP——孔隙压力(MPa)；

OBG——上覆岩层压力(MPa)；

PP_N——静液柱压力(MPa)；

R_N、R_0——分别为正常压实泥岩电阻率、测井确定的泥岩电阻率；

C_N、C_0——分别为正常压实泥岩电导率、测井确定的泥岩电导率；

DT_N、DT_0——分别为正常压实泥岩声波时差、测井确定的泥岩声波时差；

V_N、V_0——分别为正常压实泥岩层速度、测井或地震确定的泥岩层速度；

D_{CN}、D_{C0}——分别为正常压实泥岩钻井 D_C 指数、实钻泥岩 D_C 指数；

x——Eaton 指数，由区域规律或实钻数据确定。

Eaton 方法实质上反映的是由于泥岩欠压实造成的异常高压；对其他因素引起的异常高压，该方法不适用。

3.3.4　孔隙压力预测的 Holbrook 方法

Holbrook 与 Hauck 在 1987 年提出了一个“岩石力学模型”理论。他们的方法可以分为两部分。第一部分定义了孔隙度和泥页岩体积 V_{shale}。他们使用了 Waxman 和 Smits 公式来计算地层系数 F：

$$F=\frac{C_w+BQ_v}{C_t} \tag{3-21}$$

式中　C_w——饱和水的电导率；

B——特定阴离子的电导率(S/m)；

Q_v——单位体积流体的阳离子交换容量；

C_t——岩石电导率。

在本研究中假设给定地区的饱和水电导率和阳离子交换容量已知。这个公式的使用条件是岩石必须百分之百地被水饱和。然后利用 Archie 公式计算孔隙度：

$$F=\frac{a}{\phi^m} \tag{3-22}$$

式中，取 $a=1$，胶结系数 $m=1.8\sim2.3$。同时在第二部分中也必须计算泥页岩体积 V_{shale}：

$$V_{shale}=\frac{\gamma_{obs}-\gamma_{min\ sand}}{\gamma_{max\ shale}-\gamma_{min\ sand}} \tag{3-23}$$

式中　γ_{obs}——伽马射线测井数据值；

$\gamma_{min\ sand}$——最小砂岩伽马射线值；

$\gamma_{max\ shale}$——最大泥页岩伽马射线值。

在计算完 V_{shale} 和孔隙度之后，就把这些数据代入模型中的力学计算部分。这部分计算是基于 Terzaghi 有效应力关系上的：

$$P = S_v - \sigma_v \tag{3-24}$$

上覆岩层压力是通过各层的平均密度叠加得到的，而垂直总应力 σ_v 是通过 Rubey 和 Hubert 方程得到的：

$$\sigma_v = \sigma_{max}(1-\phi)^{\alpha+1} \tag{3-25}$$

对于孔隙度为 0 的地层，σ_{max} 是必要的有效应力，通过各个深度的 V_{shale} 来计算。根据 Holbrook 和 Hauck 的研究，σ_{max} 变化范围是从泥页岩的 6 000 psi 到石英砂岩的 50 000 psi。

3.3.5　孔隙压力预测的 Dutta 方法

Dutta 等在 2001 年提出了两种方法，分别称作压实理论方法和低能量关系方法。压实理论方法利用了垂直应力之间的关系，还利用了声波测井。对于正常压实的泥页岩，孔隙压力和孔隙度之间的关系如下：

$$\phi_n = \phi_i \exp(-K\sigma_v) \quad 或 \quad \phi_n = \phi_i \exp[-K(\sigma_{ob} - P_p)] \tag{3-26}$$

式中　ϕ_n——正常压实泥页岩的孔隙度；

ϕ_i——表层泥页岩的孔隙度；

K——常数；

σ_v——垂直有效应力；

σ_{ob}——上覆岩层压力；

P_p——孔隙压力。

利用 Wyllie 公式把声波时差和孔隙度联系起来：

$$\Delta t = m\phi + b \tag{3-27}$$

式中　m——$\Delta t_{fluid} - \Delta t_{matirx}$；

b——Δt_{matirx}。

如果监测到正常压力，可通过下式关联声波时差：

$$\Delta t_a = m\phi_i[-K(\sigma_{ob} - P_p)] \tag{3-28}$$

他们得出了正常压实的孔隙压力梯度：

$$G = 1 + \frac{1}{KZ}\ln\left[\frac{\Delta t_a - \Delta t_n}{m\phi_i} + \exp(-K\alpha Z)\right] \tag{3-29}$$

式中 α——垂直应力梯度。

在这个方法中，他们假设 $\Delta t_{\mathrm{matrix}}$ 是常数。他们把这一方法运用到实际油田上时，发现计算值与实际孔隙压力相差 3%～6%。在低能量关系方法中，他们使用了声波传播速度的对数与井深的关系：

$$\Delta t = ab^{Z} \tag{3-30}$$

式中 a——直线的截距；

b——声波传播时间趋势线的斜率。

利用低能量关系方法，他们得到了一个孔隙压力预测公式：

$$P_{\mathrm{p}} = Z - \frac{a}{\lg b}\left(\frac{\Delta t_{\mathrm{a}} - \Delta t_{\mathrm{m}}}{a} - b^{Z}\right) \tag{3-31}$$

这个方法也利用了垂直有效应力，但只适用于浅压实的地层。

3.3.6 孔隙压力预测的 Bowers 方法

Bowers 研究了流体膨胀对于异常高压的影响。生烃作用或黏土成岩作用中的温度升高都会导致地层流体膨胀，通过声波测井可以发现这种现象。对于某一给定的地区，一系列有效应力与声波速度的对应就可以显示出该地区压实的趋势，观察到的趋势显示了该地区为正常压实。Bowers 称之为“原始曲线”。Bowers 发现了很重要的一点，就是由于流体膨胀，所以欠压实并不会导致有效应力降低。如 Bowers 所言，欠压实的影响反映在声波测井上，通常是孔隙压力“冻结”。当有效应力降低时，就会发现声波速度读数上会出现一个反向现象。如果除了原始曲线之外，还发现存在有效应力与声波速度的趋势，这种趋势称作“卸载”。

Bowers 提出，墨西哥湾的一些异常高压是由于流体膨胀造成的。根据 Bowers 的研究，Hottmann 和 Johnson 在他们的研究中准确地预测了孔隙压力，虽然他们并不知道这一个压力的形成机制是流体膨胀。

对于流体膨胀造成的孔隙压力，如果利用原始曲线代替卸载曲线预测孔隙压力，可能会低估孔隙压力。一种用于欠压实地区，另一种用于声波速度出现反向的地区。第一种方法类似于 Weakley 方法。这个方法中，通过标定孔隙压力的值，来调整该地区的声波速度比值的指数幂。

如果同时发现声波速度反向和流体膨胀的迹象，则使用第二种方法。这种方法过程如下，原始曲线可用如下公式表示：

$$V = 5\,000 + A\sigma^{B} \tag{3-32}$$

式中 V——声波速度(ft/s)；

σ——有效应力(psi)；

A、B——给定地区的曲线参数，A 和 B 通常由该地区的探井获得。

卸载曲线可以用经验公式表示：

$$V=5\,000+A[\sigma_{max}(\sigma/\sigma_{max})^{1/U}]^B \tag{3-33}$$

式中　A、B——给定地区的参数，由原始曲线获得。

U——卸载参数，它反映了沉积物的塑性变形。Bowers 认为，U 通常在 3～8 之间变化；$U=1$ 表示不存在任何永久性变形，$U=\infty$ 表示沉积物处于最大变形的状态。

利用观测到的最大声波速度 V_{max} 来计算 σ_{max}，且在这一点开始卸载：

$$\sigma_{max}=\left(\frac{V_{max}-5\,000}{A}\right)^{1/B} \tag{3-34}$$

需要定义 U。可以通过给定一个速度从而定义一个应力 σ_{vc}，与原始曲线相交从而获得 U：

$$\sigma_{vc}=\left(\frac{V-5\,000}{A}\right)^{1/B} \tag{3-35}$$

可以通过下式获得 U：

$$(\sigma/\sigma_{max})=(\sigma_{vc}/\sigma_{max})^U \tag{3-36}$$

所以，可以通过 Eaton 修正方程和 Bowers 卸载曲线来估算一个井的孔隙压力。对于一口预钻井，这两套孔隙压力数据可以给定一个大概的孔隙压力范围。Bowers 分别利用声波速度和层速度来计算孔隙压力，计算方法如下：

1) Bowers 法——声波法

d_{maxv} 为"最大速度深度"，也就是卸载发生时的深度。$depth$ 为总垂深。

当 $d_{maxv}>depth$ 时没有发生卸载，则

$$PP=OBG-\frac{\left(\dfrac{\dfrac{10^6}{DT}-\dfrac{10^6}{DT_{ml}}}{A}\right)^{1/B}}{depth} \tag{3-37}$$

当 $d_{maxv}\leqslant depth$ 时假设发生卸载，则孔隙压力为

$$PP=OBG-\frac{\sigma_{max}{}^{1-U}\left(\dfrac{\dfrac{10^6}{DT}-\dfrac{10^6}{DT_{ml}}}{A}\right)^{U/B}}{depth} \tag{3-38}$$

$$\sigma_{max}=\left(\frac{\dfrac{10^6}{DT_{min}}-\dfrac{10^6}{DT_{ml}}}{A}\right)^{1/B} \tag{3-39}$$

式中　DT_{ml}——声波时差；

A、B、U——经验值。

2）Bowers 法——层速度法

当 $d_{maxv}>depth$ 时没有发生卸载，则

$$PP=OBG-\frac{\left(\frac{V-V_{ml}}{A}\right)^{1/B}}{depth} \tag{3-40}$$

当 $d_{maxv}\leqslant depth$ 时假设发生卸载，则孔隙压力为

$$PP=OBG-\frac{\sigma_{max}{}^{1-U}\left(\frac{V-V_{ml}}{A}\right)^{U/B}}{depth} \tag{3-41}$$

$$\sigma_{max}=\left(\frac{V_{min}-V_{ml}}{A}\right)^{1/B} \tag{3-42}$$

式中　V_{ml}——声波层速度。

Bowers 给出的主要规则就是，检测所有测井曲线的趋势，包括电阻率、密度和声波测井。如果电阻率测井和声波测井曲线出现了反向现象，而密度测井没有这种现象，这可能就是出现卸载现象的预兆。这是因为电阻率和声波测井反映了岩石的传播性质，而密度测井反映了岩石的体积性质。Bowers 同时也利用了密度和有效应力数据对其公式进行了修正。他通过下式把声波速度和密度数据联系起来：

$$V=V_0+C(\rho-\rho_0)^D \tag{3-43}$$

V_0、ρ_0、C 和 D 由声波速度与密度测井关系曲线得到。密度数据可以用于下式：

$$\rho-\rho_0=(\rho_{max}-\rho_0)\left(\frac{\rho_v-\rho_0}{\rho_{max}-\rho_0}\right)^{\mu} \tag{3-44}$$

式中　ρ——当前密度；

ρ_0——由式(3-43)获得；

ρ_{max}——卸载曲线与加载曲线相交处的密度；

μ——弹性回跳系数，$\mu=1/U$；

ρ_v——上覆岩层压力当量密度。

将式(3-44)进行变换，得到

$$\rho_{max}=\rho_0+\left[\frac{\rho-\rho_0}{(\rho_v-\rho_0)^{\mu}}\right]^{1/(1-\mu)} \tag{3-45}$$

把 ρ_{max} 代入式(3-43)，就可得到 V_{max}。

Bowers 方法既可以预测由于欠压实引起的异常压力，又可以预测由于其他原因引

起的异常压力，只要符合卸载曲线，但只有在对地层的应力历史了解得比较清晰的情况下，才有可能准确地确定预测方程中的参数。

3.3.7 孔隙压力预测的简易方法

中国石油大学(北京)樊洪海教授于2005年提出了一个关于复杂地层孔隙压力求取的新技术。他针对泥质沉积物沉积压实特点及不平衡压实造成异常高压的情况，提出了一种利用声波速度计算泥页岩地层垂直有效应力的模型：

$$V = a + kP_e - be^{-dP_e} \tag{3-46}$$

式中 V——声波速度；

a、k、b、d——与地区相关的模型系数；

P_e——垂直有效应力，且有

$$P_p = P_0 - P_e \tag{3-47}$$

式中 P_p——地层孔隙压力；

P_0——上覆岩层压力。

该模型能够很好地反映泥质沉积物压实过程中声波速度随垂直有效应力的变化情况。当垂直有效应力较小时(沉积厚度较薄，上覆地层压力小)，声波速度随垂直有效应力增加很快，主要呈指数形式增加，这对应于沉积物压实初期孔隙度随深度减少较快的情况。随着垂直有效应力的进一步增加，声波速度与垂直有效应力的关系逐渐线性化，垂直有效应力越大，这种线性化的程度越高；当垂直有效应力达到一定程度时，声波速度随垂直有效应力增加的趋势逐渐变缓，最后不再随垂直有效应力增加而增加，这时孔隙度已接近于零。

对于一定地区，模型参数 a、k、b、d 应为常数，现场一般采用以下两种方法确定：

① 根据上部正常压实段的声波速度 V 和正常孔隙压力条件下计算出相应的有效应力 P，进行非线性回归求得。

② 利用实测的地层孔隙压力及相应的声波时差测井或垂直地震剖面测井的速度数据，进行非线性回归求得。

该简易方法无须建立正常趋势线，且主要利用声波测井资料，因此使用起来比较方便，易于推广。多年来在国内多个地区的应用实践证明，该方法对泥岩为主的砂泥岩剖面适用性良好，精度较传统的正常趋势线方法高。

3.3.8 孔隙压力预测模型优选

通过对比发现，每种预测方法都有其局限性(表3-2)，所以无法单纯地判断哪种方法具有绝对的精确性，需要根据实际地质条件优选预测模型。

表 3-2　孔隙压力预测模型对比分析

孔隙压力预测方法		适用条件	测井参数	不　足
垂直法	Bryant	墨西哥湾欠压实地层	R	只适用于墨西哥湾
	Alixant & Desbrandes	—	R	对于一个新地区，获得计算参数十分困难
水平法	Eaton(Skagen)	泥岩欠压实	$R/\Delta t$	不能用于其他岩性及其他机理
其他方法	简易方法	泥岩欠压实	Δt	不能用于其他岩性及其他机理，不适用于浅层气与裂缝地层
	Bowers(Miller)	欠压实与流体膨胀	Δt	适用于欠压实和卸载地层
	Holbrook & Hauck	砂岩、泥页岩、硬石膏和石灰岩地层	R，GR	—
	Dutta	欠压实地层	Δt	—

3.4　深水井身结构设计技术

深水井身结构设计应充分考虑地层压力窗口和潜在的钻井地质风险，应特别关注浅层地质灾害如浅水流和浅层气等问题，制定相应的应急措施和备用套管。合理的井身结构设计与钻前对不同井段钻井复杂风险进行预测，是保证调整井钻井工作顺利高效完成的前提条件之一。井身结构设计的基本原则是满足钻井中同一裸眼段内的压力要求，同时也需要考虑地层情况与钻井复杂风险，合理的井身结构设计应来自安全泥浆密度窗口预测与钻井经验的统一认识。

3.4.1　钻井中裸眼安全的压力约束条件

钻井过程中，同一裸眼井段必须同时满足防喷、防井塌、防井漏的要求，即在考虑安全系数的前提下，同一裸眼段中使用的钻井液当量密度要高于孔隙压力和坍塌压力，低于破裂压力或漏失压力，其压力约束条件如下：

防喷、防塌　　$\rho_{max} = \max\{(\rho_{pmax} + S_b + \Delta\rho),\ \rho_{cmax}\}$

防卡　　$(\rho_{max} - \rho_{pi}) \times H_i \times 0.00981 \leqslant \Delta P$

防漏　　$\rho_{max} + S_g + S_f \leqslant \rho_{fi}$

关井时防漏 $$\rho_{max}+S_f+S_k\times\frac{H_{pmax}}{H_i}\leqslant\rho_{fi}$$

式中　i——计算点序号，在设计程序中每米取一个计算点；

ρ_{max}——裸眼井段的最大泥浆密度(g/cm^3)；

ρ_{pmax}——裸眼井段钻遇的最大地层孔隙压力系数(g/cm^3)；

S_b——抽吸压力系数(g/cm^3)；

$\Delta\rho$——附加泥浆密度(g/cm^3)；

ρ_{cmax}——裸眼井段的最大井壁稳定压力系数(g/cm^3)；

ρ_{pi}——计算点处的地层孔隙压力系数(g/cm^3)；

H_i——计算点处的深度(m)；

ΔP——压差卡钻允值(MPa)；

S_g——激动压力系数(g/cm^3)；

S_f——地层破裂压力安全增值(g/cm^3)；

ρ_{fi}——计算点处的地层破裂压力系数(g/cm^3)；

S_k——井涌允量(g/cm^3)；

H_{pmax}——裸眼井段最大地层孔隙压力处的井深(m)。

3.4.2　井身结构设计方法

1）求中间套管下入深度的假定点

确定套管下入深度的依据，是在钻下部井段过程中所预测的最大井内压力不致压裂套管鞋处的裸露地层。利用压力剖面图中最大地层压力梯度，求上部地层不致被压裂所应具有的地层破裂压力梯度的当量密度 ρ_f。ρ_f 的确定有以下两种方法。

① 当钻下部井段时如肯定不会发生井涌，可用下式计算：

$$\rho_f=\rho_{pmax}+S_b+S_g+S_f \tag{3-48}$$

式中　ρ_{pmax}——地层压力剖面图中最大地层压力梯度的当量密度(g/cm^3)。

在横坐标上找出地层的设计破裂压力梯度 ρ_f，从该点向上引垂直线与破裂压力线相交，交点所在的深度即为中间套管下入深度假定点(D_{21})。

② 若预计要发生井涌，可用下式计算：

$$\rho_f=\rho_{pmax}+S_b+S_f+\frac{D_{pmax}}{D_{21}}\times S_k \tag{3-49}$$

式中　D_{pmax}——地层压力剖面图中最大地层压力梯度点所对应的深度(m)。

式(3-49)中的 D_{21} 可用试算法求得。试取 D_{21} 的值代入式(3-49)求出 ρ_f，然后在地层破裂压力梯度曲线上求 D_{21} 所对应的地层破裂压力梯度。若计算值 ρ_f 与实际值相差不大或略小于实际值，则 D_{21} 即为中间套管下入深度的假定点；否则另取 D_{21} 值计算，直到满足要求为止。

2）验证中间套管下到深度 D_{21} 是否有被卡的危险

先求出该井段最小地层压力处的最大静止压差：

$$\Delta p = 0.00981(\rho_m - \rho_{pmin})D_{pmin} \tag{3-50}$$

式中　Δp ——压力差(MPa)；

ρ_m ——当钻进深度 D_{21} 时使用的钻井液密度(g/cm³)；

ρ_{pmin} ——该井段内最小地层压力当量密度(g/cm³)；

D_{pmin} ——最小地层压力点所对应的井深(m)。

若 $\Delta p < \Delta p_N$，则假定点深度为中间套管下入深度。若 $\Delta p > \Delta p_N$，则有可能产生压差卡套管，这时中间套管下入深度应小于假定点深度，在此种情况下，中间套管下入深度按下述方法计算。

在压差 Δp_N 下所允许的最大地层压力为

$$\rho_{pper} = \frac{\Delta p_N}{0.00981D_{min}} + \rho_{pmin} - S_b \tag{3-51}$$

在压力剖面图上找出 ρ_{pper} 值(MPa)，该值所对应的深度即为中间套管下入深度 D_2。

3）求尾管下入深度的假定点

当中间套管下入深度小于假定点时，则需要下尾管，并确定尾管的下入深度。

根据中间套管下入深度 D_2 处的地层破裂压力梯度 ρ_{f2}，由下式可求得允许的最大地层压力梯度：

$$\rho_{pper} = \rho_{f2} - S_b - S_f - \frac{D_{31}}{D_2} \times S_k \tag{3-52}$$

式中　D_{31}——尾管下入深度的假定点(m)。

式(3-52)的计算方法同式(3-49)。

4）校核尾管下到假定深度 D_{31} 处是否会产生压差卡套管

校核方法同上。

5）计算表层套管下入深度 D_1

根据中间套管鞋处(D_2)的地层压力梯度，给定井涌条件 S_k，用试算法计算表层套管下入深度。每次给定 D_1，并代入下式计算：

$$\rho_{fe} = \rho_{p2} + S_b + S_f + \frac{D_2}{D_1} \times S_k \tag{3-53}$$

式中　ρ_{fe} ——井涌压井时表层套管鞋承受压力的当量密度(g/cm³)；

ρ_{p2}——中间套管鞋 D_2 处的地层压力当量密度(g/cm^3)。

试算结果表明,当 ρ_{fe} 接近或小于 D_2 处的破裂压力梯度 0.024～0.048 g/cm^3 时符合要求,该深度即为表层套管下入深度。

3.4.3　井身结构关键设计参数

井身结构设计得合理与否,其中一个重要的决定因素是设计中所用到的抽吸压力系数、激动压力系数、破裂压力安全系数、井涌允量和压差卡钻允值这些基础系数是否合理。目前这些系数一般采用经验值。

3.4.3.1　抽吸压力系数 S_b 和激动压力系数 S_g

石油钻井过程中,起下钻或下套管作业时将在井眼内产生波动压力,下放管柱产生激动压力(surge pressure),上提管柱产生抽吸压力(swab pressure)。由于现代井身结构设计方法建立在井眼与地层间压力平衡基础上,因此,这种由起下钻或下套管引起的井眼压力波动势必要引入井身结构设计中。

波动压力可采用稳态或瞬态模型进行计算。稳态波动压力分析模型是在刚性管-不可压缩流体理论基础上建立的,它不考虑流体的可压缩性和管道的弹性。瞬态波动压力分析模型建立在弹性管-可压缩流体理论基础上,该理论认为运动管柱在井内引起的压力变化,将以一个很大但又有限的波速在环空流道内传遍液柱,它考虑了液体的压缩性和流通的弹性,其结果是使井内容纳的泥浆比其在不受压状态下所容纳的要多,因而使环空流速减小。瞬态井内波动压力计算模式更为精确。

对于抽吸压力系数和激动压力系数,可通过以下步骤求出:

① 收集所研究地区常用泥浆体系的性能,主要包括密度、黏度以及 300 转和 600 转读数。

② 收集所研究地区常用的套管钻头系列、井眼尺寸及钻具组合。

③ 根据稳态或瞬态波动压力计算公式,计算不同泥浆性能、井眼尺寸、钻具组合以及起下钻速度条件下的井内波动压力;根据波动压力和井深,计算抽吸压力系数和激动压力系数。

海洋钻井手册中规定的抽吸压力系数、激动压力系数为

$$S_b = S_g = 0.014 \sim 0.06\ \text{g/cm}^3$$

美国现场取值为

$$S_b = S_g = 0.06\ \text{g/cm}^3$$

对于不同的井段由于井眼尺寸的不同,其抽吸压力系数和激动压力系数是不同的。所以,对不同的井段采用统一的抽吸压力系数、激动压力系数是不科学的,应根据不同井段的情况选取不同的压力系数,对于较深的井段,应采用精确的计算获得压力系数(表 3-3)。

在海洋深水井深结构设计中，对不同井眼尺寸，建议使用表 3-3 所示的抽吸压力系数和激动压力系数推荐值。

表 3-3　抽吸压力系数和激动压力系数取值

井眼尺寸/in	抽吸压力系数 S_b/(g/cm³)	激动压力系数 S_g/(g/cm³)
$17\frac{1}{2}$	<0.1	<0.3
$12\frac{1}{4}$	<0.2	<0.4
$8\frac{1}{2}$	<0.35	—

国内外对抽吸压力系数的取值为 $S_b=0.3$ g/cm³。

3.4.3.2　地层破裂压力安全系数 S_f

S_f 是考虑地层破裂压力预测可能的误差而设的安全系数，它与破裂压力预测的精度有关。直井中美国取 $S_f=0.024$ g/cm³，在其他地区的井身结构设计中，可根据对地层破裂压力预测或测试结果的把握程度来定。测试数据(漏失试验)较充分、生产井或在地层破裂压力预测中偏于保守时，S_f 取值可小一些；而在测试数据较少、探井或在地层破裂压力预测中把握较小时，S_f 取值须大一些。一般可取 $S_f=0.03\sim0.06$ g/cm³。

对于地层破裂压力安全系数 S_f，可通过以下步骤求出：

① 收集所研究地区不同层位的破裂压力实测值和破裂压力预测值。

② 根据对实测值与预测值的对比分析，找出统计误差作为破裂压力安全系数。

深水钻井中，泥线以下的岩石胶结强度较低，井身结构设计时一般采用漏失压力，相比破裂压力已经很保守了，因此，国外在深水井身结构设计时均未考虑 S_f。

3.4.3.3　井涌允量 S_k 的确定

钻井施工中，由于对地层压力预测不够准确，所用钻井液密度可能小于异常高压地层的孔隙压力当量钻井液密度值，从而可能发生井涌。发生溢流关井时，关井立管压力的大小反映了环空静液柱压力与地层压力之间的欠平衡量。

真实地层压力

$$P_p=P_d+0.00981\rho_m H \tag{3-54}$$

式中，P_d 反映井眼欠平衡的程度，这种欠平衡主要是由地层压力预测误差引起的。

关井套压为

$$P_a+0.00981\rho_m(H-h_w)+0.00981\rho_w h_w=P_p \tag{3-55}$$

上二式中　P_p——地层压力(MPa)；

P_d——关井立管压力(MPa)；

ρ_m——井内钻井液密度(g/cm³)；

H——溢流深度(m)；

P_a——关井套压(MPa)；

h_w——溢流柱高度(m)；

ρ_w——溢流密度(g/cm³)。

因此

$$P_a = P_d + 0.00981(\rho_m - \rho_w)h_w \tag{3-56}$$

由式(3-56)可知，关井套压的大小取决于井内钻井液与地层压力之间的欠平衡量 P_d、溢流量大小 h_w 和溢流密度 ρ_w。关井套压受防喷设备、套管抗内压强度和地层破裂压力三者的制约，并应低于最大允许套压。在井内钻井液密度和溢流类型一定时，井眼安全性取决于欠平衡量 P_d 和溢流量大小 h_w。

衡量一个地区地层压力预测误差 P_d 的大小，通常用井涌允量 S_k 来表示：

$$P_d = 0.00981 S_k H \tag{3-57}$$

井涌允量 S_k 也即表示井涌时能够安全关井且循环压井时不至于压漏地层所允许的井筒最大溢流量，根据估计的最大井涌地层压力与钻井液密度的差别来确定，该值也取决于现场控制井涌的能力，设备技术条件较好时可取低值。而且，风险较大的是高压气层和浅层气，高压水层控制起来较容易。国际上，美国取 $S_k = 0.06$ g/cm³；国内中原油田在“六五”阶段取 $S_k = 0.06 \sim 0.12$ g/cm³，“七五”阶段取 $S_k = 0.05 \sim 0.1$ g/cm³。

由以上分析可知，井涌允量还可写为

$$S_k = \rho_b - \rho_m \tag{3-58}$$

式中　ρ_b——井底地层压力当量密度；

ρ_m——井内钻井液密度。

3.4.3.4　压差允值(ΔP_n 和 ΔP_a)的确定

1) 压差允值的产生

压差允值主要用来防止压差卡钻。压差卡钻是指钻具在井中静止时，在钻井液与地层孔隙压力之间的压差作用下，紧压在井壁泥饼上而导致的卡钻。对压差卡钻的机理可做如下解释：当钻柱旋转时，它被一层钻井液薄膜所润滑，钻柱各边的压力均相等。但是，当钻柱静止时，钻具的一部分重量压在泥饼上，迫使泥饼中的孔隙水流入地层，造成泥饼的孔隙压力降低，而泥饼内的有效应力则随其孔隙压力降低而增加。如果钻具较长时间停靠井壁，泥饼内的孔隙压力逐渐降至与地层的孔隙压力相等，此时在钻柱两侧则会产生一个压差，此压差等于钻井液在井眼内的液柱压力与地层孔隙压力之间的差值。这种压差的产生必然会增加上提钻柱的阻力，如果该阻力超过了钻机的提升能力，就会造成卡钻。

另外，裸眼中泥浆液柱压力与地层孔隙压力的差值过大时，除了易造成压差卡钻、使机械钻速降低外，还会使下套管过程中发生压差卡套管事故。特别是在高渗透地层、钻井液失水较大并且钻具在井下长期静止时，更容易发生卡钻。

因此，在井身结构设计中应考虑避免压差卡钻和压差卡套管事故的发生。具体方法就是在井身结构设计时保证裸眼段任何部位泥浆液柱压力与地层孔隙压力的差值小于某一安全的数值，即压差允值。它的大小与钻井工艺技术和钻井液性能有关，也与裸眼井段的地层孔隙压力有关。若正常地层压力和异常高压同处一个裸眼井段，则卡钻易发生在正常压力井段，所以压差允值又有正常压力井段和异常压力井段之分，分别用 ΔP_{n} 和 ΔP_{a} 表示。

2）影响压差允值的因素

（1）井深

主要影响钻柱重量及实际压差的大小。

（2）地层渗透性

渗透性好的地层易形成泥饼，增大钻柱与泥饼的接触面积，可增大压差卡钻的可能性。

（3）泥浆性能

泥浆的密度、黏度、失水、泥饼及含砂量直接影响摩擦系数的大小。

（4）井斜角

影响钻柱与井壁或泥饼的接触面积。

由上所述，发生压差卡钻的压差临界值是一个与井深、地层、泥浆性能以及井眼状况等多种因素有关的一个变量，以往将其视为一固定值的做法显然是不妥的，其不利于压差卡钻事故的预防与处理。在各个地区，由于地层条件、所采用的钻井液体系、钻井液性能、钻具结构和钻井工艺措施有所不同，因此压差允许值也不同，应通过大量的现场统计获得。

3）压差允值的计算步骤

① 通过卡钻事故统计资料，确定易压差卡钻层位及井深。

② 记录卡钻层位的地层孔隙压力。

③ 统计卡钻事故发生前井内曾用过的最大泥浆密度，以及卡钻发生时的泥浆密度。

④ 根据卡钻井深、卡点地层压力、井内最大安全泥浆密度，计算单点压差卡钻允值。

⑤ 统计分析各单点压差卡钻允值，确定适合所研究地区的压差卡钻允值。

海洋钻井手册中压差允值的推荐系数为

$$\Delta P_{\mathrm{n}} = 11.7 \sim 16.5\ \mathrm{MPa},\quad \Delta P_{\mathrm{a}} = 14.5 \sim 21.4\ \mathrm{MPa}$$

美国现场取为

$$\Delta P_n = 16.6\ \text{MPa},\ \Delta P_a = 21.6\ \text{MPa}$$

中原油田的经验系数为

$$\Delta P_n = 11.76 \sim 14.7\ \text{MPa},\ \Delta P_a = 14.7 \sim 19.6\ \text{MPa}$$

在深水钻井中，由于安全泥浆密度窗口相对较窄，井身结构设计时按漏失压力作为上限进行设计，所以压差允值的估计是相对保守的，再加上深水钻井中普遍使用油基钻井液，降低了泥饼的摩擦系数，使得深水钻井压差卡钻风险减小。

3.4.4　各层套管下深设计

3.4.4.1　导管入泥深度要求

① 选择表层导管的壁厚、尺寸和下深，应考虑轴向承载力和抗弯的要求，通过海底土壤的有效重度和不排水剪切强度进行轴向承载力计算，同时进行导管应力分析。

② 表层导管的承载能力计算，要考虑隔水管、防喷器组和井口头在作业期间施加的所有载荷，对于生产平台水下完井还须考虑采油树载荷。

③ 通常使用的表层导管为 ϕ914.4 mm，一般入泥 60～80 m。表层导管入泥深度计算设计流程如图 3－4 所示，应根据研究分析结果复核。

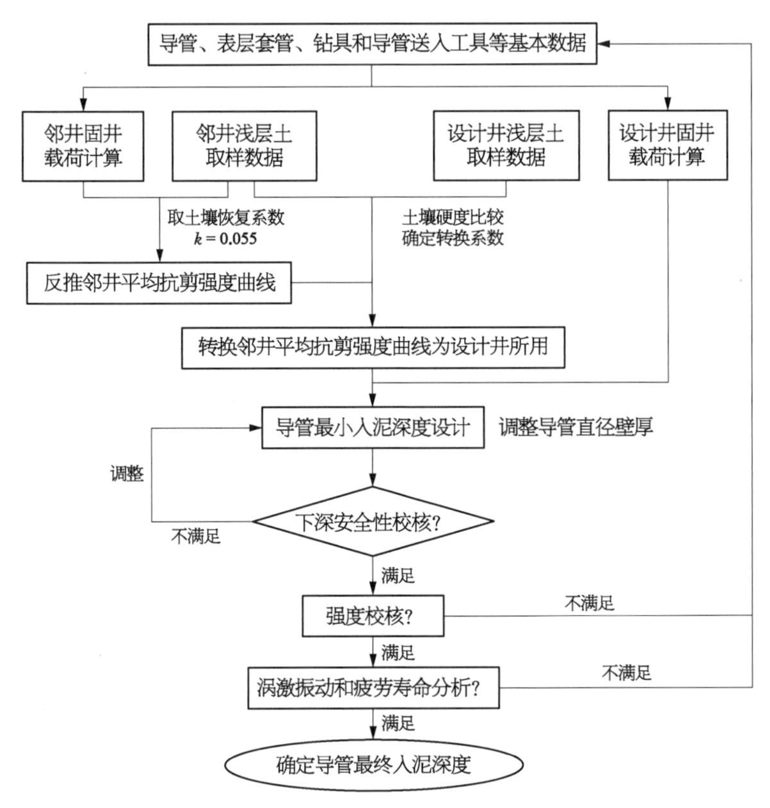

图 3－4　表层导管入泥深度设计流程图

3.4.4.2 表层套管下入深度要求

① 提供足够的轴向承载能力，确保井口的稳定。

② 套管鞋处的破裂压力要满足下个井段的钻井要求。

③ 通常采用 ϕ508 mm 套管，下深在泥线以下 250～500 m；如果存在浅层水流和浅气层，表层套管一般下在这些层位的顶部。

④ 由于套管柱下入时完全暴露于海水中，需要充分考虑套管柱承受的环境载荷，防止套管倒扣和弯曲损坏。

3.4.4.3 技术套管下入深度要求

① 套管鞋处的破裂压力要满足下个井段的钻井及井控要求，下深取决于地层情况和破裂压力梯度。

② 通常采用 ϕ339.7 mm、ϕ244.5 mm 套管等。

③ 如果存在复杂的浅层地质灾害，通常采用悬挂 ϕ406.4 mm 或 ϕ457.2 mm 尾管封固。

3.4.4.4 备用套管下入深度要求

深水井的设计阶段至少备用一层套管，以保证井眼能够钻到设计的深度。

进行井身结构设计时必须和深水水下井口系统一起考虑，深水水下井口系统设计和选择的关注点在于井口的工作压力、套管层次、轴向的承载能力、抗弯能力、可靠性和针对浅层地质灾害的特殊设计。深水典型井身结构示意图如图 3-5 所示。

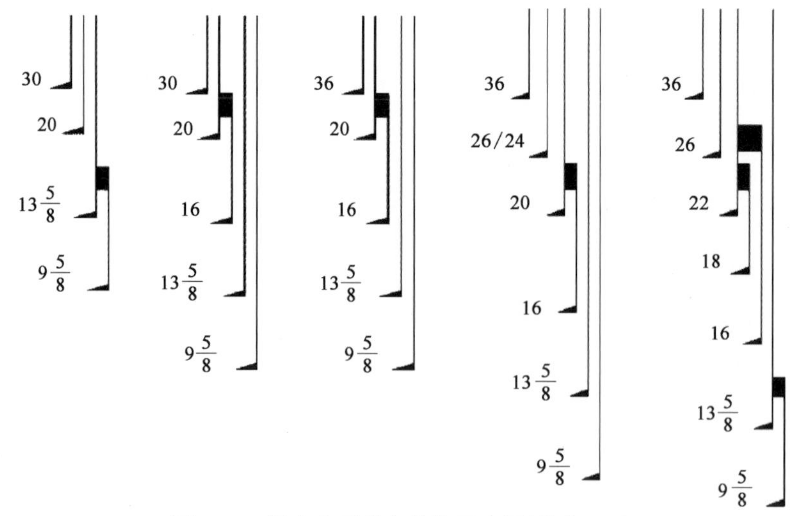

图 3-5 深水典型井身结构示意图(单位：in)

3.5 深水钻井水力学设计技术

钻井水力学是随着喷射式钻头的使用而提出的。钻井水力参数是表征钻头水力特性、射流水力特性以及地面水力设备性质的量，主要包括钻井泵的功率、排量、泵压以及钻头水功率、钻头水力压降、钻头喷嘴直径、射流冲击力、射流速度和环空钻井液上返速度等。水力参数优化设计的目标就是寻找合理的水力参数配合，使井底获得最大的水力能量分配，从而达到最优的井底净化效果，提高机械钻速。由于人们在水力作用对井底清洗机理认识上的差异，通常存在最大钻通水功率、最大射流冲击力和最大射流速度三种水力参数优选的标准。

深水钻井水力学分析目前仍是参照浅水和陆地的方法，随着动力钻具等先进工具的应用，以最大钻头水功率等常规的喷射钻井水力参数优化方法不能完全适用于深水钻井水力学分析，需要进行不断的完善与改进。在深水钻井中需要考虑以下问题：

① 需要考虑温度和压力对泥浆性能的影响，以精确预测和控制 ECD，使其在安全密度窗口之内。

② 上部无隔水管井段，环空直径大，受井眼稳定和泵能力限制的最大排量小于井眼清洁所需的最小排量，需要通过打稠浆和控制机械钻速等方法来保持井眼清洁和控制 ECD。

③ 下部井段需要通过增压泵来辅助大直径长隔水管段环空的携岩，随着增压泵排量的增大，其注入环空的高密度低温泥浆越多，井底 ECD 也随之增大，须在保证井眼清洁的同时控制 ECD 在安全密度窗口之内。

深水钻井水力学的任务是在井眼稳定和井眼清洁的条件下，合理分配水力参数，提高钻井效率，降低钻井成本，安全、高效钻至目的层，达到地质和油藏的目的。水力参数设计应满足井壁稳定、井眼清洁和经济可行的原则。

3.5.1 深水钻井动态当量循环密度计算方法

3.5.1.1 深水钻井井筒流动和传热模型

在深水钻井过程中，不同深度处外界温度不同，由于钻井液的循环，井内流体与海水和地层之间存在温度差，因而发生热交换，形成动态温度场。该温度场对钻井液的密度、流变性都造成很大的影响，而钻井液的密度和流变性又是影响环空循环压耗的主要因素，从而进一步影响了钻井液当量循环密度(ECD)，这些因素都会直接影响井底压力。目前,多数井底压力预测模型是基于井筒钻井液温度假设为地层温度,计算结果往往存在较大的误差。因此,为了准确预测井底钻井液 ECD、实现井底压力的精确控制,首先必须建立井筒内温度场的预测模型。

1) 海底以下井段井筒流动和传热模型

正常钻进循环期间,没有地层流体涌入井筒时,井筒内的流动为稳定流动。为得到环空及钻杆内的流体温度,建立井筒流动的微元体,θ 为井斜角。微元体满足能量平衡,环空能量方程为

$$\frac{dh_a}{dz}+w_a\frac{v_a dv_a}{dz}-w_z g\cos\theta+\frac{dq_F}{dz}-\frac{dq_{ta}}{dz}=0 \tag{3-59}$$

式中 h_a——微元体的焓,包括内能和压能(J/s);

q_F——单位时间地层进入环空微元体的热量(J/s);

q_{ta}——单位时间环空传递给钻杆微元体的能量(J/s);

v——流体速度(m/s);

w——流体质量流量(kg/s)。

由 $\frac{dh}{dz}=\frac{w(c_{pa}dT-C_J c_{pa}dp)}{dz}$,则环空能量方程可变为

$$\frac{dT_a}{dz}=\frac{1}{A}(T_a-T_{ei})+\frac{1}{B}(T_a-T_t)-C_a \tag{3-60}$$

其中

$$A=\frac{w_a c_{pa}}{2\pi}\frac{k_e+r_{co}U_a T_D}{r_{co}U_a k_e},\ B=\frac{w_a c_{pa}}{2\pi r_{ti}U_t},\ C_a=\frac{v_a\frac{dv_a}{dz}-g\cos\theta-\frac{C_J c_{pa}dp}{dz}}{c_{pa}}$$

式中 T_{ei}——地层温度(℃);

T_a——井筒环空温度(℃);

T_t——钻柱内温度(℃);

c_{pa}——井筒环空内流体的比热[J/(kg·℃)];

U_a——环空流体与地层的总传热系数;

U_t——流体与钻杆的传热系数。

通过相同的方法可得到钻杆内能量方程

$$\frac{dT_t}{dz}=\frac{c_{pa}w_a}{c_{pt}w_t B}(T_a-T_t)-C_t \tag{3-61}$$

其中

$$C_t=\frac{v_t\frac{dv_t}{dz}-g\cos\theta-\frac{C_J c_{pt}dp}{dz}}{c_{pt}}$$

钻头处温度变化的计算公式为

$$\Delta T_{\mathrm{b}}=\frac{0.081Q^{2}}{C^{2}d_{\mathrm{ne}}}k_{\mathrm{b}} \tag{3-62}$$

式(3-60)～式(3-62)即为正常钻进循环期间海底以下井段井筒及钻柱内流体温度计算方程式，对于边界条件简单的单一地层温度梯度条件，采用理论或数值方法均可求解；如果边界条件较为复杂，则采用数值算法进行计算，从而得到整个井筒的温度场分布。

2）海底以上井段井筒流动和传热模型

海底以上井筒同外界的传热为与海水的热量交换，有隔水管时，环空及钻柱内能量方程式与海底以下井段相同，只是常量系数 A、B 和 C 的表达式有所不同。

当采用无隔水管钻井技术时，钻柱内的温度控制方程为

$$\frac{\mathrm{d}T_{\mathrm{t}}}{\mathrm{d}z}=\frac{1}{B}(T_{\mathrm{sea}}-T_{\mathrm{t}})-C_{\mathrm{t}} \tag{3-63}$$

节流管线的温度控制方程为

$$\frac{\mathrm{d}T_{\mathrm{c}}}{\mathrm{d}z}=\frac{1}{B}(T_{\mathrm{c}}-T_{\mathrm{sea}})-C_{\mathrm{c}} \tag{3-64}$$

式中　T_{sea}——海水温度(℃)；

B、C_{t}、C_{c}——求解方法与海底以下井段类似。

计算隔水管段温度场时，需要知道隔水管保温材料的导热系数，对于不同的保温层，其标准导热系数不同。

3.5.1.2　深水钻井环空压耗计算模型

当钻井液流动处于层流范围时，视为环空螺旋流，考虑钻柱旋转与偏心的影响，得到考虑钻柱旋转与偏心的环空层流摩阻计算模型，再通过附加钻柱接头影响因子得到环空压耗；当钻井液流动处于紊流范围时，通过附加影响因子考虑钻柱旋转、偏心及接头的影响。

1）层流流态时环空压耗计算方法

深水钻井常用的钻井液流变模式为宾汉流体及幂律流体，赫-巴流体可看作上述流体类型的综合，将赫-巴流体本构方程的系数进行简化或取特定值，可得到牛顿流体、宾汉流体及幂律流体的本构方程。因此，以赫-巴流体为研究对象，建立可适合各种流体类型的层流流环空压耗计算模型。

(1) 赫-巴流体压力梯度计算方法

赫-巴流体在偏心环空中视黏度的表达式非常复杂，为了方便起见，把偏心环空无限细分为无穷多个小曲边四边形，经过推导可得

$$\eta(\sigma,\ \theta)=K\frac{1}{\eta^{n-1}(\sigma,\ \theta)}\Gamma^{n-1}+\frac{\tau_{\text{o}}\eta(\sigma,\ \theta)}{\Gamma} \tag{3-65}$$

式中，$\Gamma=\left[\frac{\beta^2}{\sigma^4}+\frac{p^2R^2(\sigma^2-\lambda^2)^2}{4\sigma^2}\right]^{\frac{1}{2}}$，其中 β、λ 为与环空内外径有关的常数变量。

平均流速定义为

$$\overline{V}=Q/s,\ s=\pi(R_2^2-R_1^2)$$

可得赫-巴流体偏心螺旋流的压力梯度方程为

$$p_{\text{压力梯度}}=\frac{-4\pi(R_2^2-R_1^2)\overline{V}}{\int_0^{2\pi}B(\theta)\left[\int_{k(\theta)}^1 M(\theta)\mathrm{d}\sigma(\theta)\right]\mathrm{d}\theta} \tag{3-66}$$

在上述计算过程中，对于任一角度 θ，相应地就有一组 B、K、β、λ 值，计算过程较复杂。因此，引入工程上实用的当量间隙，把偏心环空螺旋流问题转化为同心情况来进行处理。可以得到偏心环空螺旋流的计算方法，根据假定的 p 和相关参数通过下式计算出新的 p：

$$p=-\frac{2Q}{\pi B_{\text{a}}^2}\frac{1}{\int_{k_{\text{a}}}^1\frac{\sigma(\sigma^2-\lambda^2)}{\eta(\sigma,\ \theta)}\mathrm{d}\sigma} \tag{3-67}$$

检验 p 是否满足精度要求，如不满足则重新利用 p 进行迭代，直到满足要求。

(2) 赫-巴流体流态的判断

根据汉克斯稳定性参数的定义，经过推导可以得到赫-巴流体螺旋流的稳定性参数 H 为

$$H=\left|\frac{\rho}{p}\left[2B_{\text{a}}\sigma\omega^2+\frac{\beta B_{\text{a}}\omega}{\sigma\eta}+u\frac{pB_{\text{a}}(\sigma^2-\lambda^2)}{2\sigma\eta}\right]\right| \tag{3-68}$$

判断流态需要确定环空中最大的汉克斯稳定性参数 $H_{\max}$，在计算精度要求不高时，可以用一种简单的方法计算 $H_{\max}$。假设流态为层流，利用上述方法，计算出 p、λ、β，令 $\sigma(i)=\frac{R_1}{B_{\text{a}}}+\left(1-\frac{R_1}{B_{\text{a}}}\right)\frac{i}{100}$，计算出 $H(i)$（其中 100 为计算次数，实际计算中可以根据需要提高精度）。然后，令 $H_{\max}=H(i)_{\max}$。当 $H_{\max}\leqslant 404$ 时，则流态为层流；当 $H_{\max}>404$ 时，则为过渡流或者紊流状态。

(3) 钻柱接头对循环压耗的影响

对外加厚或内加厚钻杆，计算循环压耗必须考虑接头对压耗的影响，钻柱接头影响系数为

$$F_{CON}=\left[\left(\frac{\Delta P}{L}\right)_{CON}L_{CON}+\left(\frac{\Delta P}{L}\right)_{P}(L_{P}-L_{CON})\right]\Big/(\Delta P/L)_{P}L_{P} \tag{3-69}$$

钻杆接头和钻杆杆体压力梯度可以通过变换内径利用上面的迭代方法计算得到。考虑钻柱偏心、旋转、接头影响的环空层流压耗计算公式为

$$\Delta P=p_{压力梯度}F_{con}L \tag{3-70}$$

2）紊流流态时环空压耗计算方法

由于紊流流动的复杂性与无序性，一般在常规压耗计算公式的基础上加入修正系数来进行计算。考虑钻柱的旋转、偏心和接头的影响，可以用下面的公式表示：

$$\Delta P_{sh}=\Delta PF_{t}RF_{con} \tag{3-71}$$

式中　ΔP——常规压耗计算值；

F_t——旋转因子；

R——偏心因子；

F_{con}——接头因子。

(1) 旋转因子 F_t 的计算方法

钻柱旋转对居中钻柱压耗的影响很小，工程上可以忽略，而当钻柱偏心弯曲时，钻柱旋转对循环压耗有很大影响。旋转对循环压耗的影响因子 F_t 随泰勒数 Ta 和雷诺数 Re 的不同而变化：当 $Ta\leqslant 41$ 时，F_t 随钻柱旋转而减少，但接近于1；当 $Ta>41$ 时，随钻柱转速增加，F_t 增加；当流体处于过渡流时，F_t 最大；当流体处于紊流、雷诺数非常大时，钻柱旋转对循环压耗基本上没有影响。F_t 的计算公式为

$$\left.\begin{aligned}F_{tmax}&=0.245\,7\ln Ta+0.270\,6,\ Re=1\,000\\F_{t1}&=0.230\,5\ln Ta+0.104\,7,\ Re=2\,000\\F_{t2}&=0.105\,6\ln Ta+0.597\,9,\ Re\geqslant 5\,700\end{aligned}\right\} \tag{3-72}$$

雷诺数为其他值时，线性插值计算 F_t。Ta 的计算公式为

$$Ta=\rho(D_h-D_0)^{n+0.5}D_0^{1.5-n}\omega^{2-n}/(4k) \tag{3-73}$$

(2) 偏心因子 R 的计算方法

钻柱因为弯曲造成的偏心对压力损耗的影响可以用偏心因子 R 来表示。通过环空雷诺数 Re 来确定钻井液流态，根据流态计算 R：

$$\left.\begin{aligned}&R=R_{tur},\ Re\geqslant Re_{c2}\\&R=R_{max},\ Re=Re_{c1}\\&R=R_{max}-|Re-Re_{c1}|(R_{max}-R_{tur})/(Re_{c2}-Re_{c1}),\ Re_{c1}<R<Re_{c2}\end{aligned}\right\} \tag{3-74}$$

其中，R_{max} 计算方法如下：

$$\left.\begin{aligned} &R_{max}=0.728,\ n\leqslant 0.55 \\ &R_{max}=-0.6844n^2+1.5098n+0.1047,\ n>0.55 \end{aligned}\right\} \tag{3-75}$$

紊流状态下 R_{tur} 计算方法如下：

$$R_{tur}=1-0.048\lambda_{avg}\left(\frac{R_i}{R_o}\right)^{0.8454}\Big/n-\frac{2}{3}\lambda_{avg}^2\sqrt{n}\left(\frac{R_i}{R_o}\right)^{0.1852}+0.285\lambda_{avg}^3\sqrt{n}\left(\frac{R_i}{R_o}\right)^{0.2527} \tag{3-76}$$

式中 $\lambda_{avg}=\sqrt{2(\sqrt{1.5\lambda_{max}+1}-1)/3}$；

$\lambda_{max}=\dfrac{D_h-D_c}{D_h-D_0}$；

D_c——稳定器或外加厚接头的半径。

(3) 钻柱接头对压耗的影响

对外加厚或内加厚钻杆，钻杆接头对循环压耗的影响同层流的计算方法。

3.5.1.3 深水钻井 ECD 预测

钻井循环过程中，环空钻井液的 ECD 为钻井液的当量静态密度与钻井液流动造成的环空压耗之和。因此，需要通过井筒流动和传热模型准确预测井筒温度分布。考虑不同温度和压力对钻井液流变参数和密度的影响，精确计算 ECD，控制 ECD 在地层孔隙压力和破裂压力的安全密度窗口之内，保障钻井作业的安全。

ECD 计算公式如下：

$$\mathrm{ECD}=\mathrm{ESD}(1-\xi_c)+\rho_c\xi_c+\frac{\Delta p_a}{gH} \tag{3-77}$$

式中 ECD、ESD——钻井液当量循环密度和静态密度；

ρ_c、ξ_c——岩屑密度和浓度；

Δp_a——井深 H 处环空压耗。

3.5.2 大直径隔水管水力学及携岩能力计算

在深水钻井过程中，泥浆从套管环空返至隔水管环空时，由于大直径隔水管尺寸比套管尺寸大很多，导致泥浆返速降低，举升效率下降，携岩效果变差。另外，深水钻井安全密度窗口窄，改变泥浆性能和提高泥浆泵的排量等措施在经济、技术上不太现实。需要从隔水管底部注入泥浆，提高隔水管泥浆排量，以解决大直径隔水管携岩问题。通过系统分析颗粒在液体中的阻力和升力，以满足大直径隔水管内携岩能力为准则，得到钻井液最优环空返速计算公式，确定合理的环空返速范围。

1）参数计算

(1) 携岩效率计算

钻井液的环空携岩能力或井眼净化能力，指的是环空岩屑的运移效率。一般要求钻井液的环空携岩能力 $E_t \geqslant 50\%$，岩屑的运移效率计算公式为

$$E_t = \frac{V_t}{V_a} \times 100\% = \left(1 - \frac{V_s}{V_a}\right) \times 100\% \tag{3-78}$$

式中　E_t——岩屑运移效率，无因次；

V_t——岩屑的环空返速(m/s)；

V_s——岩屑的下沉速度(m/s)；

V_a——钻井液环空返速(m/s)。

(2) 岩屑下沉速度计算

设计排量必须既能满足有效携带钻屑所需的环空上返速度和冷却钻头切削齿、清洁井底的需要，又要能保证井壁稳定。钻井液能否顺利地将大部分岩屑携带至地面，是关系到钻进速度快慢、井眼稳定和井身质量好坏的一个重要问题。

(3) 排量计算

根据井眼净化标准计算出满足携岩要求的环空上返速度，选择各井段所需环空返速较大的值作为主井筒最低环空返速，根据最低环空返速计算出满足井眼清洁的最小排量。增压管线排量为

$$Q_2 = Q - Q_1 \tag{3-79}$$

式中　Q——满足隔水管携岩的总排量；

Q_1、Q_2——地层井段环空和增压管线排量。

(4) 环空流态稳定参数 Z 值计算

环空内钻井液的平均流速

$$V_a = \frac{Q}{2.448(D_h^2 - D_p^2)} \tag{3-80}$$

式中　D_h——井眼直径或套管内径(mm)；

D_p——钻具外径(mm)。

环空内钻井液的临界流速

$$V_{ac} = \frac{1.08PV + 1.08\sqrt{PV^2 + 12.34d^2 \times YP \times MW}}{MW \times d} \tag{3-81}$$

式中　V_{ac}——环空内钻井液的临界流速(m/s)；

PV——钻井液的塑性黏度(mPa·s)；

YP——钻井液的屈服值(Pa)。

环空流态稳定参数 Z 值的计算方法为

$$Z=808\left(\frac{V_a}{V_c}\right)^{2-n_a} \tag{3-82}$$

式中 Z——环空流态稳定参数,无因次;

n_a——环空的流性指数,无因次;

V_a——环空流速(m/s);

V_c——环空临界流速(m/s)。

若 $Z>808$,环空流态为紊流;若 $Z\leqslant 808$,环空流态为层流。

Z 值只适用于判别环空的流态,对钻具内的流态却不能用它来判别。另外,Z 值更重要的意义在于它能反映钻井液对井壁的冲刷作用。

(5) 井底压力计算

注入同一密度的钻井液时,井底压力

$$P_{BHP}=P_{hydrostatic}+P_{surface}+P_{friction} \tag{3-83}$$

式中 $P_{hydrostatic}$——静液柱压力;

$P_{surface}$——井口回压;

$P_{friction}$——环空中压耗总和(包括层流段和紊流段)。

2) 参数满足条件

在深水钻井过程中,大直径隔水管段水力参数须同时满足以下 5 个条件:

(1) 环空携岩能力 $E_t\geqslant 50\%$

$E_t\geqslant 50\%$,这意味着岩屑在环空中的下沉速度小于或等于钻井液上返速度的一半,这样才能保证环空中岩屑的浓度不会继续增大,可以满足净化井眼的需要。

(2) 井眼稳定参数 Z 值

用 Z 值来判断液流是否会对井壁产生严重的冲刷,是通过统计分析的方法,根据已钻井的资料,统计出不同流速和钻井液性能对井壁的冲刷作用,从而得出某一地区某一井段或地层的临界 Z 值。利用钻井数据库,可以方便地找出各地区、各层段的裸眼稳定参数 Z 值。

要注意的是,如前所述,判断层流和紊流的临界 Z 值是 808,它与井眼稳定的临界 Z 值差别是较大的,一定要区别开来。

(3) 井筒压力在安全密度窗口之内

静液柱压力与环空摩阻压力之和大于薄弱地层的破裂压力会压漏地层,而小于空隙压力则会发生井涌。

(4) 环空中岩屑浓度 $C_a<5\%$

如果环空中岩屑的浓度过高,就会发生堵塞现象,导致泵压升高,悬重下降,容易出现卡钻事故。为了控制环空岩屑的浓度,有时需要控制机械钻速。在上部地层或松软、可钻性很好的地层,如果机械钻速过高,岩屑量大,就有可能使环空中的岩屑浓度过大。

(5) 隔水管内屈服压力

当隔水管内的压力大于隔水管内屈服压力时,岩屑运移的环形空间将被破坏,无法完成。

根据上述 5 个约束条件,进行钻井液排量与流变参数的优选,保障钻井作业安全、优质、高效地完成。

3.6　深水钻井井涌和井控技术

深水井控作业与陆地钻井最大的不同在于防喷器在水下,须通过小尺寸的压井管线建立压井流动通道,而长距离小尺寸压井管线的存在,大大增加了压井作业的难度。此外,深水作业由于海水的存在,其温度剖面呈现反梯度形式,海底附近温度仅有 2℃,而地层处温度可高达 150℃以上,温度变化剧烈,流动机理更为复杂。

3.6.1　深水井控安全余量

深水井控安全余量是指在深水井控过程中(关井及处理溢流过程中),套管鞋处(或套管鞋以下地层最薄弱处)允许达到的最大环空压力的当量钻井液密度与当前井内钻井液当量密度的差值。它包括关井安全余量和压井安全余量。

1) 关井安全余量

关井安全余量的关系式为

$$S_{dshutin}=\frac{(P_{tf}-P_{as}-P_{h})\times 10^{-6}}{gh} \tag{3-84}$$

式中　$S_{dshutin}$ ——压井安全余量(kg/m^3);

P_{tf} ——套管鞋处(或套管鞋以下地层最薄弱处)的破裂压力(MPa);

P_{as} ——关井套管压力(MPa);

P_{h} ——气侵发生后套管鞋处(或套管鞋以下地层最薄弱处)以上气液混合液柱的静液压力(MPa)。

P_{as} 及 P_{h} 可以通过多相流控制方程对溢流过程进行模拟计算得出。

2）压井安全余量

深水压井过程中使用的安全余量是判断压井过程是否安全的重要参数，也是衡量节流管线的摩阻是否在合适范围内的重要参数，关系式为

$$S_{\mathrm{dwellkill}}=\frac{(P_{\mathrm{amax}}-P_{\mathrm{as}}-\Delta P_{\mathrm{ea}}-\beta)\times 10^{-6}}{gh} \tag{3-85}$$

式中　$S_{\mathrm{dwellkill}}$——压井安全余量(kg/m³)；

P_{amax}——最大允许套压(MPa)；

ΔP_{ea}——海底到套管鞋井段环空摩阻(MPa)；

β——气体在上升到套管鞋处产生的过压值(MPa)。

气体在上升到套管鞋处产生的过压值β以及环空摩阻ΔP_{ea}，可以通过多相流控制方程的数值计算方法得出。

压井安全余量表征了压井处理溢流过程中的剩余能力，压井安全余量越大，压井越安全。在其他条件不变的情况下，发现溢流的泥浆池增量越大，压井余量越小，故实际工作应尽可能早地发现溢流并关井。一般情况下，深水压井余量要小于陆地压井安全余量，一方面由于深水钻井液安全密度窗口狭窄，另一方面由于较长的节流管线产生了较大的环空摩阻。

3.6.2 压井程序

1）海洋司钻法压井

海洋司钻法压井是海洋钻井经常使用的压井方法。深水钻井时，由于防喷器组安放在海底，因此在海底防喷器和海面阻流器之间要有一根(或者两根)细长、垂直的阻流管线来连接。压井时，通过泥浆泵从钻柱内注入泥浆，使泥浆从钻柱返到环空，顶替溢流流体。操作人员调节阻流器控制立管压力，在保持井底压力不变的情况下，通过环空和阻流管线排出井内溢流。

(1) 基本原理

压井过程中需要循环两周钻井液：第一循环周，用原钻井液将环空中的井侵流体顶替到地面，同时配制压井钻井液；第二循环周，用压井钻井液将原钻井液顶替到地面。

(2) 适用条件

溢流、井喷发生后能正常关井，在泵入压井泥浆过程中始终保证井底压力略大于地层压力。

(3) 划分阶段

① 顶替阻流管内的盐水。

② 气柱顶到防喷器。

③ 气柱顶到阻流管顶。

④ 气柱底到防喷器。

⑤ 气柱底到阻流管顶。

⑥ 从开始注入重泥浆到重泥浆钻头处。

⑦ 重泥浆到阻流管顶。

2）海洋工程师法压井

海洋工程师法压井是在一个循环周内完成压井的一种方法。

(1) 基本原理

压井时，通过泥浆泵从钻柱内注入泥浆，再由环空向上顶替溢流流体。操作人员调节节流器控制立管压力，在保持井底压力不变的情况下，通过环空节流管线排出井内溢流流体。

(2) 适用条件

溢流、井喷发生后能正常关井，在泵入压井泥浆过程中始终保证井底压力略大于地层压力。与司钻法相比压井周期短，压井过程中套压及井底压力低，适用于井口装置承压低及套管鞋处与地层破裂压力低的情况。

3.7　深水钻井隔水管设计技术

隔水管分析的目的是为预测环境条件和钻井液密度确立顶部张力要求。此外，该分析还指出在何种环境条件下应停止钻井作业、何时需要解脱隔水管。还可能包括某些特殊条件，例如因台风或受定位系统失效的影响、隔水管解脱悬挂等。

隔水管静态分析通常是整体隔水管分析的第一步，也是后续特征值和动态分析的起点。特别对于深水钻井隔水管，高顶张力隔水管的动力计算表明，底部球铰的转角变化小于 0.2°时，静力计算就足以评价隔水管底部球铰的转角。而隔水管底部球铰的转角与隔水管所承受的最大应力密切相关。隔水管底部球铰的转角表明了所有外载荷对它的影响。在给定的工况和隔水管构造与操作条件下，球铰的转角与浮式钻井船的初始偏移和顶张力的大小等有关。影响隔水管性能的因素主要包括水深、泥浆重量、辅助管线直径、工作压力、海况条件和流剖面以及最大钻井船偏移等。

浮式钻井装置初始偏移构成施加在隔水管上静态载荷的来源。静态偏移是指因海浪、风力和洋流等载荷而导致的平均偏移量。由于钻井船的初始偏移、横向的环境载荷作用，包含泥浆在内的隔水管的自重等，隔水管处于大变形状态，构成几何非线性问题。因此，隔水管分析必须考虑由于大变形引起的几何非线性，并且内外静水压力产生的环向应力随着水深增加而线性增加，是隔水管受力分析不可忽略的重要因素。

3.7.1 隔水管数学模型及其力学分析

深水钻井顶张力隔水管的数学模型是位于垂直平面内的梁在横向载荷作用下变形的线性常微分方程。取水平方向为隔水管分析坐标系的 Y 轴，垂直方向为坐标系的 Z 轴。

梁弯曲变形的四阶常微分方程为

$$\frac{\mathrm{d}^2}{\mathrm{d}z^2}\left[EI(z)\frac{\mathrm{d}^2y}{\mathrm{d}z^2}\right]+p(z)\frac{\mathrm{d}^2y}{\mathrm{d}z^2}+w(z)\frac{\mathrm{d}y}{\mathrm{d}z}=f(z) \tag{3-86}$$

式中　EI——隔水管的抗弯刚度；

p——轴向压力(当 $p<0$ 时，p 为张力)；

w——隔水管单位长度的总重量；

f——沿水平方向作用于隔水管单位长度上的波流联合力。

由于 p 沿着隔水管长度方向线性变化，所以任一高度处的轴向压力为

$$p(z)=p(0)+\int_0^z w(z)\mathrm{d}z \tag{3-87}$$

式中　$p(0)$——隔水管承受的顶张力。

采用 Morison 方程和 Stokes 5 阶波浪理论，计算作用在隔水管的准静态环境载荷：

$$f(z)=c_\mathrm{D}\frac{\rho}{2}D\mid u\mid u+\frac{\pi}{4}c_\mathrm{M}\rho\dot{u}D^2 \tag{3-88}$$

式中　c_D——拖曳力系数；

c_M——惯性力系数；

ρ——海水的密度；

D——隔水管直径；

u——水质点速度；

$\dot{u}$——水质点加速度。

隔水管静态变形与应力主要由两类外部条件引起：一类是隔水管顶部随钻井船的初始偏移，另一类是横向的海洋环境载荷。进行静态变形与应力分析时，将钻井船的初始偏移作为隔水管上部顶端的位移边界条件来处理。

可以采用多种方法来计算隔水管的横向变形和应力，如可以忽略抗弯刚度将隔水管蜕变为缆绳进行求解，也可以采用有限差分法，如有限元法、四阶龙格-库塔法、幂级数法等。

隔水管在该截面处所承受的由于轴向载荷所产生的轴向应力为

$$\sigma_a = T/A \tag{3-89}$$

式中　T——某截面处的张力；

A——隔水管的横截面积。

其中

$$T = T_{top} - W_r \tag{3-90}$$

式中　T_{top}——隔水管承受的顶张力；

W_r——在水中隔水管自顶端至临界截面的重量，包括隔水管重量、隔水管附属管线（如截流与压井管线）重量、内部包含物（泥浆、钻杆等）重量以及浸没在水中部分所承受的浮力等。

设隔水管某截面上所承受的弯曲应力为 σ_b，则隔水管凸侧所承受的组合应力为

$$\sigma_c = \sigma_a + \sigma_b \tag{3-91}$$

隔水管凹侧所承受的组合应力为

$$\sigma_c = \sigma_a - \sigma_b \tag{3-92}$$

研究表明，隔水管承受的等效应力、凹凸两侧的组合应力、弯曲应力、弯矩都可作为隔水管设计和安全评估的重要内容。隔水管凹凸两侧的组合应力须通过改变顶张力以施加最优的顶张力，使得隔水管凸侧的最大组合应力小于隔水管材料屈服强度的 40%，并使得隔水管凹侧的最小组合应力大于隔水管材料屈服强度的 10%，即为海洋钻井隔水管的设计区间，也可以作为隔水管静强度校核的一个方法之一。隔水管三向应力状态分析如图 3－6 所示。

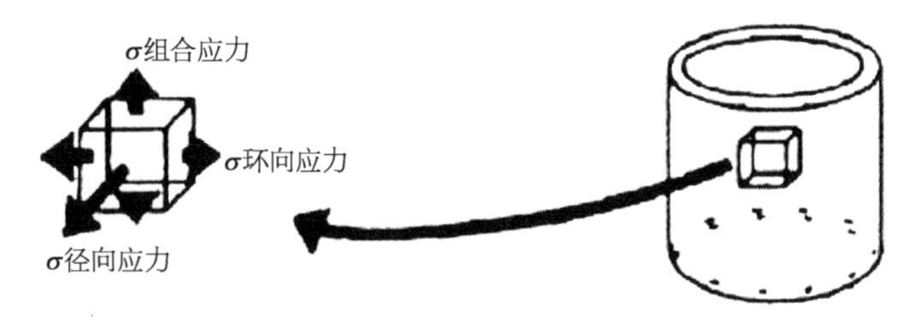

图 3－6　隔水管三向应力状态分析

同时，隔水管还受到径向应力与环向应力的作用，其原因是隔水管的内外静水压力所造成的。外部静水压力是由于海水的静液体压力产生，内部静水压力是由于钻井泥浆的静液体压力、管子中压力波动、油及天然气的异常压力产生。因此，在正常钻井条件下，内部静水压力仅仅由泥浆的静液体压力产生，但是在操作过压（operational overpressure）情况下，内部静水压力是由泥浆的静液体压力和内部压力两者共同产生。因此，任意的隔水管主单元体处于三向应力状态如图 3－6 所示，三个主应力分别是组

合应力(轴向应力+弯曲应力)、环向应力(周向应力)和径向应力。

对厚壁筒而言,由于内外静水压力形成的径向应力与环向应力可由平面问题的极坐标解给出,径向应力 σ_r 和环向应力 σ_θ 分别为

$$\sigma_r=-\frac{\frac{b^2}{r^2}-1}{\frac{b^2}{a^2}-1}p_I-\frac{1-\frac{a^2}{r^2}}{1-\frac{a^2}{b^2}}p_E,\ \sigma_\theta=-\frac{\frac{b^2}{r^2}+1}{\frac{b^2}{a^2}-1}p_I-\frac{1+\frac{a^2}{r^2}}{1-\frac{a^2}{b^2}}p_E \tag{3-93}$$

式中　a、b——分别为隔水管的内外径;

p_E、p_I——分别为内外静水压力。

由式(3-93)可知,在给定高度处,厚壁筒的径向应力 σ_r 和环向应力 σ_θ 都是半径 r 的函数,两者都随着半径变化而变化。对于隔水管这样的薄壁筒($a/b\geqslant 0.9$)来说,式(3-93)就不再适用。但是,可以认为隔水管环向应力沿壁厚均匀分布,而忽略了径向应力和其他横向剪应力。因此,任意的隔水管主单元体就处于二向应力状态,两个主应力分别是组合应力和环向应力,可按照第四强度理论进行隔水管设计和静强度校核,这可看作隔水管设计和静强度校核的另一种方法。

隔水管水动力学直径(有效直径)也是隔水管分析时的重要因素,一般来说,隔水管水动力学直径要远远大于其实际直径。到目前为止,未见相关文献讨论过该问题。挪威的 VIVANA 是涡激振动的预测程序,该软件采用"等效体积法"计算水动力学直径,也即将隔水管和附属管线的体积相加,然后以一个虚拟的与隔水管和附属管线体积和相等的圆柱体的直径作为隔水管水动力学直径。采用下式计算平均水动力学直径:

$$\overline{D_H}=\sqrt{\frac{4V}{\pi L_w}} \tag{3-94}$$

式中　V——全部浸没于海水中的体积;

L_w——浸没于海水中的长度。

另一种方法采用"等效直径法"计算水动力学直径,即将隔水管直径和附属管线直径进行简单相加得到一个直径作为水动力学直径。

于是,对于隔水管水动力学直径,按照垂直于流向的截面的最大外径计算,即

水动力学直径=隔水管直径+节流线直径+压井线直径

对于浮力块隔水管,则演变为

水动力学直径=隔水管浮力块直径+节流线直径+压井线直径

阻力和质量系数主要随横断面形状、粗糙程度、雷诺数、丘里根-卡朋特(Keulegan-Carpenter)数及辅助管线走向等变化。正确选择 C_d 是确定隔水管状态的主要因素,因为阻力既控制着流体动力激励,又控制着阻尼。超大 C_d 值的选择也不总是保守的。

一般采用的 C_d 和 C_m 值如下：

浮隔水管(根据浮力模块的直径)

$Re \leqslant 10^5$ 时，$C_d=1.2$，$C_m=1.5 \sim 2.0$

$10^5 < Re \leqslant 10^6$ 时，$C_d=1.2 \sim 0.6$，$C_m=1.5 \sim 2.0$

$Re > 10^6$ 时，$C_d=0.6 \sim 0.8$，$C_m=1.5 \sim 2.0$

裸隔水管(根据主管直径)

$Re \leqslant 10^5$ 时，$C_d=1.2 \sim 2.0$，$C_m=1.5 \sim 2.0$

$10^5 < Re \leqslant 10^6$ 时，$C_d=2.0 \sim 0.6$，$C_m=1.5 \sim 2.0$

$Re > 10^6$ 时，$C_d=1.0 \sim 1.5$，$C_m=1.5 \sim 2.0$

其中，Re 指雷诺数。

另外一种情况是在根据相应 C_d 和 C_m 值预测出的直径和面积之和的基础上，使用“当量直径”和“当量面积”(隔水管主管加上节流、压井和辅助管线)。

在钻井作业模式下可安全开展所有正常钻井活动，包括继续钻进、起下钻、管下扩眼、循环等。钻井模式下，隔水管的 Mises 应力必须保持低于 2/3 的屈服应力，同时需要考虑以下情况：

① 隔水管通过伸缩接头和张力器与钻井船相连。

② 隔水管内充满最大密度钻井液。

③ 所有辅助管线承受最大压力。

④ 主管壁厚考虑 5%的制造公差(比公称值减少 5%)。

⑤ 隔水管主管 $\frac{1}{16}$ in 的腐蚀量。

⑥ 由于浮力块吸水，其浮力效率降低 3%。

3.7.2 深水钻井隔水管动力学分析

隔水管侧向振动微分方程为四阶偏微分方程：

$$\frac{\partial^2}{\partial z^2}\left(EI\frac{\partial^2 y}{\partial z^2}\right)-\frac{\partial}{\partial z}\left(T\frac{\partial y}{\partial z}\right)+M\frac{\partial^2 y}{\partial t^2}=F(z,\ t) \tag{3-95}$$

当纯波浪作用时，依据 Morison 方程计算作用于隔水管的水动力载荷为

$$F=F_D+F_I=\frac{1}{2}\rho DC_D u_w\mid u_w\mid+\frac{\pi}{4}\rho D^2\dot{u}_w+\frac{\pi}{4}\rho C_m D^2\dot{u}_w \tag{3-96}$$

式中，最右边第一项为正比于水质点相对速度平方的拖曳力，第二项为正比于水质点加速度的惯性力，第三项为正比于水质点加速度的由于附加质量引起的惯性力。

一种计算理论认为，当波、流同时作用于隔水管时，Morison 方程需要进行第一次修正：

$$F = F_D + F_I = \frac{1}{2}\rho D C_D (u_w + u_c) \mid u_w + u_c \mid + \frac{\pi}{4}\rho D^2 \dot{u}_w + \frac{\pi}{4}\rho C_m D^2 \dot{u}_w \tag{3-97}$$

由于海流是稳态的，它只对结构产生拖曳力，而不会对惯性力产生影响。但计算拖曳力的水质点速度不是简单将两者相加，而是要计算波浪与海流各自引起的水质点速度的矢量和。

对隔水管进行动态分析时，由于隔水管的运动，需要对 Morison 方程进行再一次修正，得到

$$F(z, t) = \frac{\pi}{4}\rho C_M D^2 \dot{u}_w - \frac{\pi}{4}\rho (C_M - 1) D^2 \frac{\partial^2 y}{\partial t^2} + \frac{1}{2}\rho D C_D \left(u_w + u_c - \frac{\partial y}{\partial t}\right) \left| u_w + u_c - \frac{\partial y}{\partial t} \right| \tag{3-98}$$

或

$$F(z, t) = \frac{\pi}{4}\rho D^2 \dot{u}_w + \frac{\pi}{4}\rho (C_M - 1) D^2 \left(\dot{u}_w - \frac{\partial^2 y}{\partial t^2}\right) + \frac{1}{2}\rho D C_D \left(u_w + u_c - \frac{\partial y}{\partial t}\right) \left| u_w + u_c - \frac{\partial y}{\partial t} \right| \tag{3-99}$$

上几式中 y——隔水管偏离井口垂直位置的位移；

z——沿着隔水管的垂直距离(起点在泥线)；

t——时间；

E——隔水管的杨氏模量；

I——隔水管的截面惯性矩；

T——隔水管的有效轴向张力；

M——隔水管单位长度质量；

F——作用于隔水管单位长度的流体载荷；

ρ——海水密度；

D——隔水管拖曳力直径；

C_M——圆柱体在振荡流中的惯性力系数；

$\dot{u}_w$——波浪水质点加速度；

u_c——稳态流速。

采用规则波浪时，规则波水质点速度为 $u_w(z, t) = u_0 e^{i\omega t}$，$u_0$ 为水质点速度幅值。

假设隔水管动态响应为 $y(z, t) = y_0(z) e^{i\omega t} + y_c(z)$，$y_0$ 为隔水管响应幅值，y_c 为

隔水管平均侧向位移。

代入振动方程(3-95)和二次修正的 Morison 方程(3-99)，得到

$$\frac{d^2}{dz^2}\left(EI\frac{d^2y_0}{dz^2}\right)e^{i\omega t}+\frac{d^2}{dz^2}\left(EI\frac{d^2y_c}{dz^2}\right)-\frac{d}{dz}\left(T\frac{dy_0}{dz}\right)e^{i\omega t}-\frac{d}{dz}\left(T\frac{dy_c}{dz}\right)-\omega^2My_0e^{i\omega t}$$

$$=\frac{\pi}{4}\rho c_M D^2 i\omega u_0 e^{i\omega t}+\frac{\pi}{4}\rho(c_M-1)D^2\omega^2 y_0 e^{i\omega t}+$$

$$\frac{1}{2}\rho Dc_D[(u_0-i\omega y_0)e^{i\omega t}+u_c]\mid(u_0-i\omega y_0)e^{i\omega t}+u_c\mid$$

将上式最后一项进行线性化处理，可得

$$\frac{1}{2}\rho Dc_D[(u_0-i\omega y_0)e^{i\omega t}+u_c]\mid(u_0-i\omega y_0)e^{i\omega t}+u_c\mid$$

$$=\frac{1}{2}\rho Dc_D B_1(u_0-i\omega y_0)e^{i\omega t}+\frac{1}{2}\rho Dc_D B_2 u_c$$

组合上面两个方程并把与时间有关和无关项分列出，得到与时间有关项为

$$\left[\frac{d^2}{dz^2}\left(EI\frac{d^2y_0}{dz^2}\right)-\frac{d}{dz}\left(T\frac{dy_0}{dz}\right)-\omega^2My_0\right]e^{i\omega t}$$

$$=\left[\frac{\pi}{4}\rho c_M D^2 i\omega u_0+\frac{\pi}{4}\rho(c_M-1)D^2\omega^2y_0+\frac{1}{2}\rho Dc_D B_1(u_0-i\omega y_0)\right]e^{i\omega t}\tag{3-100}$$

与时间无关项为

$$\frac{d^2}{dz^2}\left(EI\frac{d^2y_c}{dz^2}\right)-\frac{d}{dz}\left(T\frac{dy_c}{dz}\right)=\frac{1}{2}\rho Dc_D B_2 u_c\tag{3-101}$$

将方程(3-100)两端的 $e^{i\omega t}$ 同时去掉，联合式(3-101)，得到两个常微分方程，采用有限元法或有限差分法可以求解 $y_0(z)$ 和 $y_c(z)$，通过 $y(z, t)=y_0(z)e^{i\omega t}+y_c(z)$ 可得到隔水管动态响应的位移时间历程。

如果波浪为随机波浪，则须将波谱离散成 N 个频率分量，对应的隔水管动态响应为 $y(z, t)=\sum_{k=1}^{N}y_{0k}(z)e^{i\omega_k t}+y_c(z)$，水质点速度为 $u_w(z, t)=\sum_{k=1}^{N}u_{0k}e^{i\omega_k t}$。每一个波浪频率对应一个微分方程和一个静态方程，求解各频率分量对应的响应进行叠加即可。

另一种计算理论认为，海流只是隔水管静态分析载荷，隔水管进行动态分析时，只考虑海浪和钻井船运动，无须考虑海流的影响。于是，动态分析时 Morison 方程仅须考虑隔水管的相对运动，进行一次修正，如下式所示：

$$F(z, t)=\frac{\pi}{4}\rho C_M D^2\dot{u}_w-\frac{\pi}{4}\rho(C_M-1)D^2\frac{\partial^2 y}{\partial t^2}+\frac{1}{2}\rho DC_D\left(u_w-\frac{\partial y}{\partial t}\right)\left|u_w-\frac{\partial y}{\partial t}\right|\tag{3-102}$$

两种模型共同之处在于均考虑了隔水管运动的影响。隔水管和钻井船随振荡的波浪一起运动，水质点相对速度减小也就意味着拖曳力的减小。若动态分析考虑隔水管运动，则动态分析相对于静态分析来说，由于后者没有考虑隔水管和钻井船随振荡波浪的运动，自然忽略了拖曳力的变化，造成响应预测偏大。两种模型不同之处在于动态分析时 Morison 方程的拖曳力项是否包括海流引起的水质点速度，这是两种隔水管动态响应数学模型的唯一差别。

由式(3-101)可知，海流主要形成结构动态响应中的时不变部分。若海流仅仅应用于隔水管静态分析，则对应的隔水管静态分析数学模型应为

$$\frac{d^2}{dz^2}\left(EI\frac{d^2y}{dz^2}\right)-\frac{d}{dz}\left(T\frac{dy}{dz}\right)=\frac{1}{2}\rho Dc_D u_c^2 \tag{3-103}$$

比较式(3-101)和式(3-103)可知，海流引起的隔水管动态响应时不变分量不等于隔水管静态分析时海流造成的静态响应。而波浪通过两种方式影响隔水管的设计：通过作用于隔水管的水动力波浪力，通过钻井船的运动响应传递函数影响作为隔水管分析边界条件的钻井船运动。若将海流与海浪分别作为隔水管静态与动态响应的横向载荷，则割裂了波流之间的非线性交互作用，而波流之间的非线性交互对于海洋结构物的设计与分析有着重要影响。存在两种类型的波流非线性交互，取决于海流方向与波浪传播方向相同或者相反，如果海流方向与波浪传播方向相反且海流幅值远远大于波浪幅值时，隔水管将在波浪反方向某个平衡位置附近小幅振动。研究表明，在相同波浪下，海流越大，弯曲应力响应中的静应力越大，不能把波浪与海流联合作用看作分别单独作用下的简单叠加，其主要原因是非线性水动力与水质点相对速度的平方有关。

3.7.3 钻井隔水管设计准则

根据 API 规范，隔水管的设计准则主要是：最大 Mises 应力不大于屈服应力的 2/3，隔水管底部挠性接头转角不大于 2°。最大 Mises 应力准则定义了海洋钻井隔水管的强度极限，隔水管底部柔性接头转角准则是为了避免隔水管与旋转钻杆之间发生摩擦而导致隔水管磨损、变薄，在内压作用下爆裂，从而引发更严重的钻井事故。

隔水管的最大 Mises 应力按照下式计算：

$$\sigma_e=\frac{1}{\sqrt{2}}\sqrt{(\sigma_r-\sigma_h)^2+(\sigma_h-\sigma_l)^2+(\sigma_l-\sigma_r)^2}\leqslant\frac{2}{3}\sigma_0 \tag{3-104}$$

式中 σ_e ——隔水管的 Mises 应力；

σ_r ——隔水管的径向应力；

σ_h ——隔水管的环向应力；

σ_1 ——隔水管的轴向应力；

σ_0 ——隔水管材料的屈服应力。

隔水管底部挠性接头的转角与隔水管所承受的最大应力密切相关。在本质上，隔水管底部挠性接头转角表明了所有外载荷对它的影响。在给定工况、给定隔水管配置和作业条件下，挠性接头转角与浮式钻井船的初始偏移、顶张力的大小有关。于是，如果能够连续监视隔水管底部挠性接头转角和方位，则可通过操作钻井船来控制初始偏移，并且可以调节张紧力的大小，使得隔水管应力疲劳和内部隔水管与钻杆的磨损能够减小到最低限度。换句话说，通过优化张力器的张紧力和控制钻井船的初始偏移，可以将隔水管底部挠性接头转角限制在容许范围之内。

深水钻井隔水管系统设计过程如图 3 - 7 所示。首先进行脱离模式硬悬挂分析，考

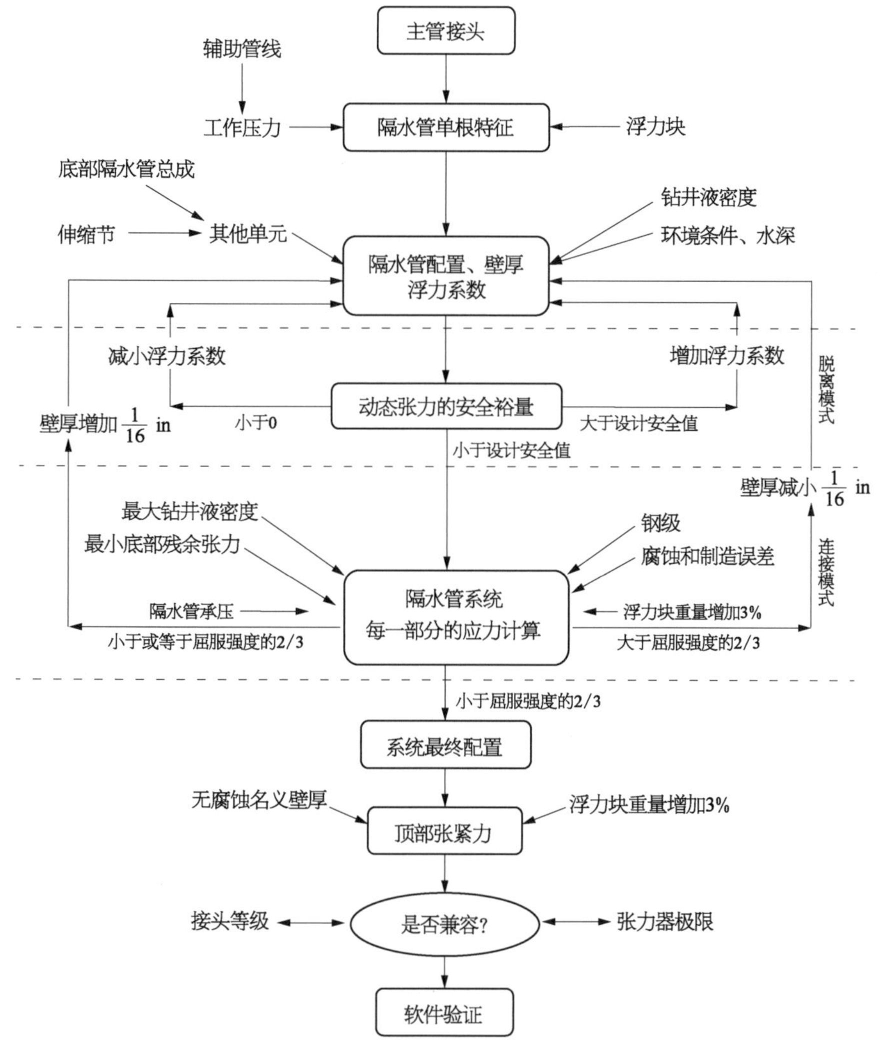

图 3 - 7　深水钻井隔水管系统设计过程

虑 10 年或者 100 年重现期波浪确定动态张力的安全裕量。如果安全裕量为负值，意味着隔水管可能会产生比较危险的动态屈曲，于是应适当降低浮力系数；如果安全裕量提高，则应适当增加浮力系数。

一旦依据脱离模式确定隔水管系统浮力系数，则应进行钻井作业模式分析。正常钻井作业模式下，隔水管系统每一部分的 Mises 应力都必须小于材料屈服强度的 2/3，如果出现 Mises 应力大于材料屈服强度的 2/3，则该部分隔水管的壁厚应当增加$\frac{1}{16}$ in。相反，如果 Mises 应力小于材料屈服强度的 2/3，则壁厚应当减少$\frac{1}{16}$ in。隔水管壁厚调整以后，应根据新的隔水管参数进行脱离模式安全裕量的重新计算，然后调整浮力系数。

迭代进行上述过程，以得到最终的隔水管设计。然后考虑隔水管每一部分的名义(公称)壁厚，无腐蚀和浮力块重量增加 3% 等条件确定最大顶部张紧力。根据规范，最大张紧力必须小于张力器的极限能力，而且接头的等级也应与最大张紧力相匹配(考虑辅助管线中压力的影响)，此外每一根隔水管单根还应进行挤毁校核。设计的最后阶段是进行动态计算，钻井船动态运动，海流、波浪对隔水管弯矩和底部挠性接头转角的影响都应当进行校核。

深水钻完井工程技术

第 4 章　深水完井测试设计技术

深水测试是深水油气勘探开发的关键环节，其对油气田的发现和开发方案的制定起决定性作用。深水完井是油气井建井的重要组成部分，是油田开发实施的基础，其对整个油气田的开发和成本效益起着决定性的作用。本章主要介绍深水测试难点、深水完井策略和设计、深水测试和完井工艺研究以及水下井口与采油树等内容。

4.1 深 水 完 井

4.1.1 深水完井策略和设计

完井工程是指钻开油气层开始，到下部完井、下油管，到安装采油树，直至投产的过程，衔接钻井和采油。完井工程可保证既满足长期稳产，又能经济安全地进行油气井钻修井作业。深水完井总体原则是安全、可靠、环保。

(1) 深水完井设计要求

满足油气田开发要求；完井工艺成熟，具有可操作性，以控制作业风险和降低作业费用；完井中的关键问题应有专题研究的支持，专题研究结果是深水完井设计的基础；考虑防砂及防水合物、防蜡、防垢等流动保障工艺的要求；应选择防腐、耐压、密封性好的深水完井管柱及工具，满足长期生产要求；水下采油树易于操作及维护；考虑后期易于修井，同时应尽量减少修井作业。

(2) 深水完井作业要求

作业过程中满足质量健康安全环保和完井设计的要求；严格执行保护油气层的原则及符合储层改造措施的要求，在各个作业环节中做到最大限度地保护油气层；关键的完井设备和工具考虑备份、冗余，准备备用方案，提高作业时效；严格监管完井作业全过程，收集齐全作业数据。

4.1.1.1 完井装置选择

深水完井装置的选择主要考虑以下方面：定位方式(动力定位/锚泊定位)、装置类型(钻井船/半潜式钻井平台)、井架形式(单/双井架)、防喷器能力、月池尺寸及吊机能力。

1) 定位方式

① 考虑目前定位系统能力和定位精度及经济性等因素，推荐在水深 500～1 500 m 处采用锚泊定位或动力定位，水深大于 1 500 m 采用动力定位。

② 选择定位方式时应考虑极限条件下(台风、内波流等)对装置定位能力的影响；选

择锚泊定位应考虑以下因素：锚机与卷缆机能力、锚抓力、锚泊系统的组合方式、起抛锚三用工作船作业能力、后勤支持能力及经济因素等；选择动力定位应考虑以下因素：定位能力、系统冗余、隔水管管理、燃料需求、可维护性以及应急程序等。

2）装置类型

① 半潜式钻井平台稳定性好，适合于较恶劣的作业海况，作业气候窗口宽，作业效率高，但机动性差。

② 钻井船机动性好，动复原时间短，可变载荷大，储存容量大，较半潜式钻井平台易维护；但对恶劣环境的作业适应性差，作业气候窗口窄。

③ 钻井船有相对充足的甲板面积进行完井设备(考虑增产作业和安装/修井控制系统等安装需求)的预先布置，船舱仓储能力强，能够适应离岸较远油气田的钻完井作业，对供应船要求减少。

3）井架形式

对于完井作业，由于大部分作业是在隔水管内进行，考虑到经济性及其对作业效率的贡献，完井作业期间双井架的优势不明显，因此优先考虑单井架或一个半井架形式。

4）防喷器能力

① 应考虑防喷器控制系统响应时间。液控模式一般用于较浅水深，电液控制模式多用于深水钻完井装置，水深超过 1 500 m 则优先选择电控或电液控制系统。

② 应选择功能更全面的防喷器组，尽可能增配套管剪切闸板，一般最大的套管剪切能力不小于 $13\frac{3}{8}$ in，对于超深水应考虑安装压力监测装置。

5）月池尺寸及吊机能力

月池尺寸及吊机能力应满足水下采油树的安装要求。

4.1.1.2 完井方式确定

完井方式主要包括裸眼完井和套管完井。完井方式的优缺点比较见表 4－1。

深水完井方式选择原则如下：

表 4－1 完井方式的优缺点比较

完井方式	优 点	缺 点
裸眼完井	储层段不需要射孔，不需要注水泥固井作业，作业效率高； 占用钻机时间短； 最大限度地保持井筒泄油面积	难以实现长久的分层系开发； 后续可实施的增产手段少； 易受出砂影响
套管完井	可以有效封固地层，避免垮塌风险； 可以实现储层的分隔，实现分层系开发； 可以实现水层/气顶的有效封隔； 后期井筒作业手段多	需要通过测井校深确定射孔位置和深度； 套管固井和射孔导致的费用和工期增加

① 满足地质油藏的要求，最大限度地释放产能。

② 统筹考虑安全、可靠、环保等因素，尽量减少油气田后续的干预作业和修井作业。

③ 对于胶结程度高、稳定性好、均质性好的油气藏，可以优先考虑裸眼完井。

④ 对于地层稳定性相对较差，储层复杂且油气藏有分层系开发或层位封隔要求的，推荐优先采用套管完井。

4.1.1.3　防砂方式确定

考虑出砂对深水完井设备和生产系统的潜在风险，深水完井防砂要求更高。

1）防砂策略

① 根据专题研究结果，对于有可能出砂的储层均应采取防砂措施，对于预测出砂可能性低的储层可采用简易防砂措施。

② 出砂可能对完井管柱、水下采油树、水下生产系统等产生损害，不推荐在深水完井中使用适度出砂的防砂方案。

2）深水防砂方式的特点和选择原则

① 对于深水油气井，一般采用套管射孔压裂充填和裸眼井砾石充填，这两种防砂方式需要的工期和费用比独立筛管和膨胀筛管多，但可靠性比后者好，防砂寿命也比后者长。

② 对于注水、注气井，由于关井停注、不同注水层之间的互窜等原因存在出砂的风险，也应考虑防砂措施，优先考虑简易防砂方式。

常见深水防砂方式特点和选择参考原则见表4-2。

4.1.1.4　射孔

1）射孔方式

① 深水射孔分为正压射孔和负压射孔。应根据井筒条件、地层条件及完井工艺进行选择，对于有增产措施要求的油气井一般选择正压射孔。

② 射孔过程中可能产生地层伤害，离散的杂质（射孔弹碎屑、水泥颗粒、地层砂等）堵塞喉道，影响地层渗透率，可以通过负压射孔或小型压裂等措施解决。

③ 射孔可以采用电缆射孔和油管输送射孔，可根据储层条件、井筒条件等进行选择；考虑到产能、井控的需要，深水完井射孔作业一般推荐油管输送射孔。

④ 在条件允许的情况下，深水射孔作业和防砂作业宜一趟管柱完成。

2）射孔参数

① 射孔应考虑孔径、孔密、穿深、相位等因素对产能的影响，综合考虑产能及防砂效果、地层特性进行射孔参数选择。

② 深水射孔宜采用大孔径、高孔密射孔弹。

4.1.1.5　完井液

1）完井作业常用工作液

（1）清洗液

用于完井前的井筒清洁，要求分散油污能力强；能够悬浮携带固相杂质。

表 4-2　常见深水防砂方式特点和选择参考原则

项　目	套管射孔压裂充填(CHFP)	裸眼砾石充填(OHGP)	独立筛管(SAS)	膨胀筛管(ESS)
地层要求和适应性	较好的泥页岩隔层； 弱胶结地层； 储层远离水层和气顶，中间没有夹杂大的可疑水层； 单一储层段跨度不超过 45 m，筛管上安装旁通管可以提高到 90 m	存在大的气顶和边底水的油藏； 裸眼段超过 500 m，需要在筛管上安装旁通管保证充填效率	地层砂均质性较好； 储层泥质含量低	地层砂均质性较好； 储层泥质含量低
油藏开发要求	满足油藏分层控制的要求； 提高导流能力	单一储层开发	满足油藏分层控制的要求	单一储层开发
井筒要求	井斜不超过 65°	常规井、大斜度井或水平井	常规井、大斜度井或水平井	井斜不超过 75°； 不适用于大位移井和裸眼段超过 1 000 m 的井； 不推荐用于套管完井的防砂； 膨胀筛管的安装对井筒的椭圆度要求较高，环空间隙影响防砂效果和筛管寿命； 膨胀筛管可以提供较大的产层段井筒通径，后期修井调整空间大
防砂作业可操作性和防砂效果	作业成功率高； 需要专门的压裂设备，占用平台甲板面积； 防砂有效性高，寿命长	作业成功率比较高(低于 CHFP)； 需要进行滤饼清除作业； 防砂有效性高，寿命长	对筛管质量要求较高； 投产初期，地层砂稳定之前，少量的细粉砂通过筛管进入井筒； 存在筛管堵塞，流通面积减小的风险； 作业费用低	接触面积大，冲蚀风险低，适用于高产井； 没有环空，因此筛管堵塞和流通面积减小的风险较低； 膨胀筛管在井下的状态和机械性能无法准确测定； 筛管费用高

(2) 压井液

用于压井保持井筒压力平衡，要求密度可调节；对储层伤害小；性能稳定；滤失量小。

(3) 射孔液

用于套管射孔作业，要求对油气层伤害小；能够悬浮和携带射孔产生的碎屑。

(4) 携砂液

用于砾石充填作业，要求黏度高，有较强的携砂能力；悬浮性好，砾石沉降慢；对产层伤害小。

(5) 封隔液

用于充填封隔器以上套管环空，要求密度可调节且性能长期稳定；腐蚀性小；对温度有广泛的适应性。

2) 深水完井液除常规性能之外的考虑因素

深水完井液除了要求常规完井液的性能之外，还要考虑以下因素：

① 根据储层物性、岩性、地层流体、地层敏感性分析结果，并考虑储层保护需求。

② 完井液对温度(井筒高温、海水低温)具有较强的适应性和稳定性。

③ 完井液体系要能够适应深水低温环境影响，具有预防水合物的能力。完井液体系要求性能长期稳定，腐蚀性小。

4.1.1.6　防腐

① 根据管材防腐失效风险、弥补的难易程度、生产年限、腐蚀余量、成本等因素，综合考虑防腐方案。

② 完井管柱及工具材质选择应考虑地层流体的腐蚀影响，选择标准参见 NACE 01-75、ISO 15156 和海油防腐标准，深水井可以选择更高一级的防腐材质。

③ 对于注入井根据注入流体选择适当防腐的材质，同时对注入流体进行处理。

④ 完井工具橡胶材料选择，应考虑温度、压力、完井液和地层流体的影响。

4.1.1.7　水下采油树选型和安装

① 根据供货资源、钻完井方案和后期干预、修井作业概率，综合安全性和经济性分析结果选择合适的水下采油树类型(立式/卧式)。

② 根据地层压力和完井、增产过程中的最高压力，确定水下采油树压力等级。

③ 根据完井、生产、长时间关井期间的井口温度，确定水下采油树温度等级。

④ 根据完井和生产期间井筒流体组分，同时考虑可靠性和厂家的产品系列，结合 API 17D 规范选择水下采油树材质。

⑤ 根据油田开发要求及钻完井需要，确定水下采油树和油管挂的通径。

⑥ 根据控制信号传输距离和响应时间要求，选择水下采油树控制系统的类型；通常情况下，超过 5 km，推荐采用电液控制。

⑦ 考虑油田投产、钻完井程序和采油树的形式等因素，以确定水下采油树安装方式

和时机。

4.1.1.8 人工举升方式

① 深水油气田开发优先选择利用地层能力进行自喷生产，对于初期不能自喷或自喷期较短或自喷无法满足配产的油井，通过人工举升方式实现举升排液。

② 通常深水人工举升分为井筒内人工举升和海底人工举升，深水完井主要涉及井筒内人工举升。

③ 根据油井产能、流体性质，综合考虑技术可行性、投资、操作、维修等各方面因素，确定人工举升工艺，满足油田配产、长效、修井的要求。

④ 启动生产和长期关井后的重新启井，需要考虑流动保障措施和启动方案。

4.1.1.9 流动保障

① 深水完井流动保障主要考虑井筒内流动保障。

② 根据水合物、结垢、结蜡的专题研究结果，制定流动保障方案；即使研究结果表明流道堵塞的风险较小，为了使后期具备应对手段，仍推荐设置井下化学注入阀。

③ 深水完井主要通过控制管线注入化学药剂或环空注入隔热型封隔液或隔热油管实现流动保障。

④ 井下安全阀、化学药剂注入阀的下深应满足流动保障要求。

4.1.1.10 完井管柱类型

① 管柱设计要求可靠性高，安装简单，管柱工具的安装尽量实现单趟多功能，减少或避免干预作业，提高效率。

② 有分层系开发要求的油气田，宜采用智能完井，监测井下生产状态参数，利用液压管线或电信号控制井下生产滑套/阀门的开度，实现生产井和注入井的在线分层监测和控制。

4.1.1.11 清井返排

① 根据平台条件，确定清井返排的方式、返排流体的处理和返排结束指标。

② 通过完井管柱替入低密度流体（柴油、氮气）、连续油管诱喷、气举、电泵等方式实现清井返排。

③ 上部完井结束后，尽快清井返排，达到交井条件。

4.1.2 深水完井工艺

深水完井技术的特点是高产量、长寿命、完井智能控制。深水完井设计的关键技术包括地层出砂预测技术、防砂方式设计、完井管柱的配管设计、智能完井控制技术和深水完井井下作业技术等，其中与常规水深完井设计相比，防砂设计、完井管柱设计、智能完井技术是深水完井技术与常规完井技术的主要不同。

4.1.2.1 深水完井防砂设计技术

深水完井追求高稳定产量、长生产期和低成本，由于经济的考虑，深水井都是高产井，由于产量高，一般都会面临地层出砂的问题，因此深水完井一般都会考虑进行防砂设计，砾石充填（包括压裂充填）是主流的深水完井防砂方法，其次是裸眼直接下高级优质筛管防砂，射孔直接完井较少。深水主要用到的防砂方法（表 4－3）包括：

① 砾石充填防砂完井。

② 膨胀筛管防砂完井。

③ 高级优质筛管防砂完井（往往配合砾石充填进行防砂）。

表 4－3　深水完井防砂方案设计

油　田	水深/m	完井方法		
		注水井	油　井	气　井
Marlim	600～1 100	膨胀筛管	裸眼砾石充填	
Marlim Sul	100～2 600	裸眼砾石充填	裸眼砾石充填	
Albacora Leste	＞1 200	裸眼砾石充填	裸眼砾石充填	
Girassol	125～1 400	优质筛管完井	压裂充填；优质筛管完井	
AKPO130	150～1 700	压裂充填；膨胀筛管；优质筛管	优质筛管完井；压裂充填完井	
Simian/Sienna	60～1 000			裸眼砾石充填完井
Scarab/Saffron	40～1 100			裸眼砾石充填完井
Nours	40～1 100			裸眼砾石充填完井
Rosetta	40～1 100			上部地层采用管内砾石充填完井，下部地层采用裸眼砾石充填完井
Mensa	1 623			高速水充填
Coulomb	2 307			采用优质筛管进行压裂充填完井
West Seno	823		压裂充填	

4.1.2.2　深水完井管柱设计技术

深水完井的管柱设计以安全、高可靠性、多功能、智能控制为特点，作业方面要保证完井作业过程中对井筒的安全控制，功能方面应该具备井下生产状态的远程监控，能够尽量减少修井频率。如图 4－1 所示，典型深水完井管柱设计包括以下几方面：

1）完井安全屏障设计

一般在完成下部防砂之后，采用油层隔离阀（对单一油层）和环空油层隔离阀（对多油层），以保证下部储层井段流体被安全隔离，使其在上部井段进行完井时不至于上蹿到地面。实际上，与常规完井的安全阀不同，该安全屏蔽是在完井作业过程中的安全防

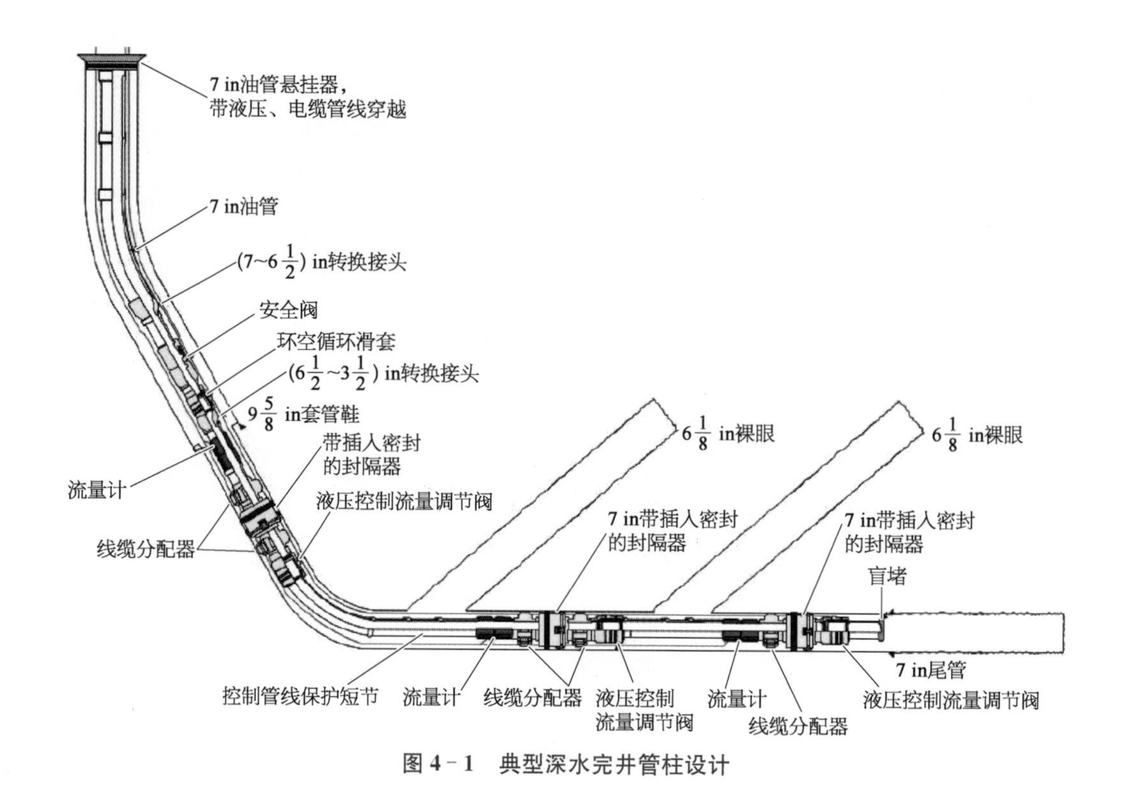

图 4-1　典型深水完井管柱设计

线，安全阀则是生产过程中的安全防线，即深水完井在完井阶段比常规完井多一套安全屏障。

2）智能完井管柱设计

实现井下多产层的选择和流量监控，调整多油层开发模式；常规条件下，井下生产状态的调整都是通过钢丝作业实现的，实际上在井口易于进入的情况下，实施井下作业是一种相对简单、低风险、低成本的方案，但是随着深水水下完井及大位移完井的数量激增，传统的钢丝或柔性管作业方法在经济和技术层面上都出现了问题，经济上首先需要动力定位的深水辅助船作为工作平台，但这些船只的成本过高；技术上从深水海底井口(海面以下数千米处)将电缆或连续油管下入井筒的程序太过复杂，尤其是沿着大斜度井筒，利用连续油管或钢丝操作井下控制阀也存在一定的技术风险。为了避免频繁的修井作业、实现井下生产状态的远程控制，深水完井一般都会考虑采用智能完井技术，该技术由安装于井下的监测仪和流量控制阀，实现井下流量的控制和生产状态的任意切换。

3）上部安全阀设计和油管尺寸设计

即安全阀的设计和油管尺寸的选择。

4.1.2.3　智能完井技术

智能完井技术是深水完井区别于常规完井的主要技术，也是深水完井在技术上最大的挑战。智能完井系统通过对井下生产层流体参数的监测(压力、温度、流量等)和控制,能够根据油井生产情况,以远程控制的方式,对油层进行实时监测控制。智能完井系统分为两部分:井下状态监测系统和井下流量远程控制系统。井下状态监测系统主要利用安装于井下的传感器和仪表,通过通信系统传输到地面,监测井下流体动态参数;井下流量远程控制系统主要借助液压或电力系统实现对井下流量控制阀的开关调整,以实现对生产状态的控制。井下流量远程控制系统是智能完井与常规完井最大的不同,它能够实现生产层井下工具的远程调控,无须通过钢丝或有管作业、无须停产即可实现油井动态的调整,不仅减少了生产调整、生产测试带来的停产损失、相关的作业费用和作业风险,减少深水作业成本和风险,还可以优化生产、加速生产、提高采收率,能够根据井下参数反馈和进行井下流量控制,使得运营商可以优化油藏性能、提高油藏的管理能力。

1) 利用智能完井技术的必要性

利用智能完井技术开展井下流量测量和控制的必要性,主要体现在以下几个方面:

① 针对多产层、多分支井,需要对各个储层分别进行监测以指导生产方式的选择,但是在地面进行的三相流测量无法识别各个储层的实际油、气、水产出情况。

② 地面多相流测量也无法准确反映井下的实际情况,尤其对于含有气体的油井,沿程井筒温度和压力的变化对油气水的含量影响较大,如果由地面测出的流量直接迭代并推算,井下多相流量将造成较大偏差。

③ 通过安装多个井下流量计,能够准确地反映井下各产层的情况,可以有效地识别早期出水储层,提早做好调整,保护油气藏。

2) 井下流量控制方案设计

井下流量控制由地面设备、控制管线和井下设备三部分组成。地面设备包括液压信号发生器和控制计算机;控制管线传送液压动力、液压信号和井下电力及信号;井下设备包括井下解码和井下流量有级控制。系统采用 3 根液压管线控制井下 6 层的控制方案,即可控制井下产层最多为 P_n^2,地面须采用 3 个液压泵为每根管线提供液压信号和液压动力,管缆由 3 根控制液压管线和 3 根高温电缆铠装而成。井下设备主要由液压解码器和井下流量控制模块组成。

(1) 地面液压信号发生器设计

井口信号发生系统同时提供液压信号和液压动力。信号由无效信号和有效信号组成。系统设置一个门槛压力,若低于门槛压力,系统则认定为无效信号或者为杂散信号,对井下系统不起作用,避免产生误动作。有效信号指系统压力达到一定值时,井下系统将这个压力认定为有效信号。有效信号根据压力大小分别表示门槛压力信号、高压信号。这样系统可识别三个压力信号,即无效压力信号、门槛压力信号和高压信号。

(2) 井下液压解码器设计

井下液压解码器设计旨在利用有限的液压管线,实现尽可能多的目的层位置的选择。利用 n 条液压管线，实现对井下 P_n^2 个生产层位识别动力液引导。以 3 条液压管线为例，通常条件下，仅能实现对 2 个井下生产层位的选择和控制，如果使用该解码装置，则可以对井下最多 6(P_n^2)个生产层位的选择和控制。

液压解码器由两个液控的二位二通阀组成，它可以识别不同的压力指令序列，根据不同的指令将动力液引向目的层位，压力指令根据液压解码器的设计预设压力信号，不同的压力信号序列对应不同层位的操作。

图 4－2 为智能井井下解码层位选择原理图。每一层只采用 2 条液压管线参与解码，每个层位由 2 条液压管线进行控制。由不同的控制管线组合 12(1 和 2 液压控制线路)、23、13 可以把 6 个生产层分为 3 个层组：第 1 层和第 2 层、第 3 层和第 4 层、第 5 层和第 6 层，每个层组由相同的两条线路进行控制。如第 1、2 目的层均由线路组合 12 进行控制，第 3、4 目的层均由线路组合 23 进行控制，第 5、6 目的层均由线路组合 13 进行控制，要区分其中的两个目的层，只须施加不同的压力序列信号即可。6 个目的层位采用的液压控制线和压力指令施加的序列即层位控制原理见表 4－4。如表中所示，如果要对第 1 目的层进行控制，可以先对管线 1 施加数字压力信号，然后再对管线 2 施加数字压力信号。

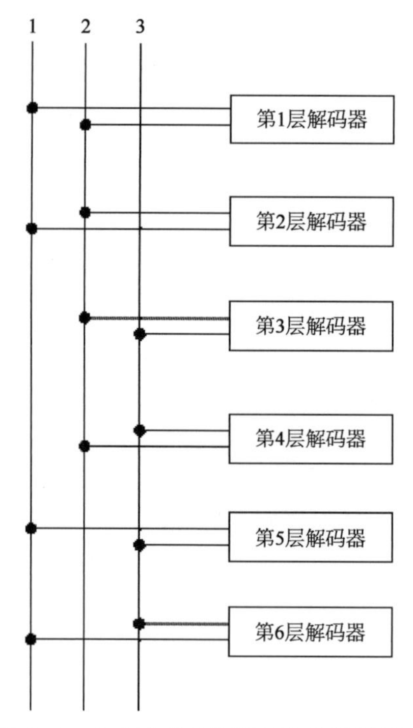

图 4－2　智能井井下解码层位选择原理图

通过向不同的液压管线发送不同的压力序列，由井下液压层位选择解码器识别来自不同管线的压力序列指令，按照预先设置的层位对应的指令，将动力液引向需要进行操作的控制阀腔内，实现目标层位的选择和控制。

表 4-4　层位控制原理

目的层	控制线 1	控制线 2	控制线 3
1	＋＋	－＋	－－
2	－＋	＋＋	－－
3	＋＋	－－	－＋
4	－＋	－－	＋＋
5	－－	＋＋	－＋
6	－－	－＋	＋＋

注："＋＋"表示首先加压，然后保持压力；"－＋"表示先不加压，然后再加压；"－－"表示不加压。

(3) 井下阀位控制器设计

井下阀位控制器由锁紧液缸控制器、井下多位流量控制器、井下电子模块部分组成。井下解码器选择性打开要进行流量控制的地层并将动力传递到相应的动作腔室，锁紧液缸打开，关闭多位流量控制器的液路，启闭主液缸的液压锁紧机构；多位流量控制器实现井下流量控制位置；井下电子模块功能包括井下位移传感器测量井下位置，井下单片机实现井下数据采集及控制等运算，实现井下位置闭环控制。

(4) 流量控制阀开度监测系统

井下流量控制阀开启度的控制通过位置锁紧机构和阀套位移传感器实现监控，当滑套达到指定的位置时，需要保持滑套的位置。通常采用液压锁紧机构关闭液压控制系统并保压，使滑套稳定在指定的位置。传感器组将采集到的井下阀门的位移信号转化成微电量，经过信号处理电路转化为 0～5 V 标准信号。微处理器将对该信号进行采集转换，并把多次采集的值进行平均值运算，进行数字滤波处理，最后将传至地面接收系统。

4.2　深水测试设计

对于深水油气勘探的评价而言，地层测试依然是评价商业发现的重要手段，在相对确定的地质条件下评价不确定的油藏因素，从而最终评价油气藏的商业价值。

1) 深水测试的主要目的

① 评价油气层产能。

② 评价油气层物性。

③ 获取具有代表性的地层流体样品。

深水测试工艺技术与陆上和浅水测试工艺技术相比较，基本原理和地质工艺组织思路基本相同，区别在于工程实现；地面流程方面会在备份需求、安全控制和燃烧器能力上有差别；井下系统在功能上存在有多种井控功能阀、化学药剂注入系统、电缆穿越系统和对下井工具的性能和稳定性有更高要求。同时由于使用浮式钻井作业装置，不但需要在 6 个自由度上解决和补偿平台的运动与保障测试管柱与井眼的相对稳定问题，而且要解决特殊气候、水文灾害和深水灾害控制等的应急处理与安全解决问题（如台风、季风、内波流与水合物等）。

2）完成深水测试需要特别关注的问题

在深水环境条件下完成该项工作，需要特别关注的问题包括：

① 特殊海况中国南海季风和台风季节，特殊的水文特征和内波流等。

② 如何提高作业效率（每天数百万元的日费率，使得测试成本异常昂贵）。

③ 尽可能避免地层大量出砂，保障流道畅通（从射孔段到地面管线），保障测试成功。

④ 深水环境条件下开井流动和关井期间均存在水合物堵塞流通通道风险，可能导致测试失败。

⑤ 在台风、海流、井喷失控、平台动力定位系统失效时需要从泥线处应急解脱测试管柱，防止恶性事故的发生。

3）深水测试设计主要包括内容

① 基础资料（包括对钻井过程中的钻井液漏失量统计）。

② 作业机具要求。

③ 射孔设计。

④ 射孔液及液垫设计。

⑤ 井下及水下测试管柱设计。

⑥ 地层资料的录取设计。

⑦ 地面流程设计。

⑧ 井下和地面防砂设计。

⑨ 井下、水下和地面防水合物设计。

⑩ 井控和压井设计。

⑪ 数据录取传输。

⑫ 风险评估及应急预案等。

4.3　深水测试工艺

4.3.1　深水测试模式

深水油气井测试必须使用浮式钻井平台进行作业。处于深海环境受风、浪、流等环境载荷影响的浮式钻井平台，将发生升沉和漂移等复杂运动，加上海水段隔水管的约束作用，使得深水井测试管柱特别是泥线以上测试管柱力学行为异常复杂，给深水井测试管串设计及深水井测试管柱安全性控制带来很大困难，而且随着水深增加这一问题更加突出。由于使用浮式钻井平台进行测试，在深水井测试作业时，平台动力定位系统故障、水下暗流和恶劣天气等因素可能会导致不可预见性和突发性平台偏移井位的情况出现，此时需要将泥线以上测试管柱与井下测试管柱进行分离，防止恶性事故的发生。因此，快速实现水下测试管柱的应急解脱以及危险解除之后的回接是深水井测试的另一大挑战。常用的深水测试模式如图 4－3 所示，通常采用第 4～6 代浮式钻井装置

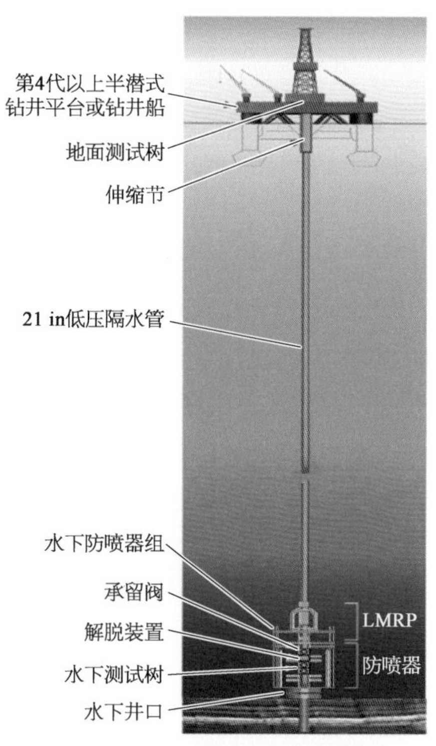

图 4－3　常用的深水测试模式

+21 in低压隔水管+水下防喷器+水下测试树+水下井口的模式。

4.3.2 深水测试井筒温压分布和水合物生成预测

4.3.2.1 深水测试井筒温度分布计算

井筒压力剖面计算极大地依赖于井筒温度剖面的预测，常规的方法是假设井筒温度剖面线性化，井筒流体温度与时间无关，这种处理方式对处于稳定生产状态的油气井压力计算是合适的，但是在油气井不稳定测试过程中流量、压力、温度可能都处于不稳态过程，在此情况下沿用常规方法估计井筒温度误差较大，导致压力计算偏差。本研究针对试采阶段的长期稳定生产过程，采用解析方法建立井筒稳态传热模型，预测非线性井温剖面；针对试油测试的短期过程，建立井筒非稳态传热模型，预测不同测试制度和时间下的井温剖面。

当气体从井底沿井筒向上流动时，由于气体和井筒周围地层之间存在温差，因此必然通过导热、对流和辐射三种传热方式向周围地层传热。为将三维热扩散问题简化为一维径向热流，假设如下：

① 生产过程中动能忽略不计。

② 地温按线性分布，且井底流体温度等于地层温度。

③ 井筒及地层中的热损失是径向的，不考虑沿井深方向的传热，且井筒中任意截面上各点的温度均相等。

井筒流体向外传递热量时，由于热对流和热辐射占总传热的比例很小，因此可以忽略不计。取长为 dh 的微元为控制体，在海床以下部分可以得出控制体与井筒的流体瞬时传热速度

$$dq_h = 2\pi r_t dh U_o (T_s - T_h) \tag{4-1}$$

式中 r_t——油管内径(m)；

U_o——井筒总传热系数[J/(m^2·s·℃)]；

T_s——井筒内流体温度(℃)；

T_h——水泥环与地层交界处的温度，为时间的函数(℃)。

钢材具有很高的热传导率，因此油管和套管的热阻可忽略不计，则 U_o 计算式为

$$U_o = \left(r_t \frac{\ln r_{ci}/r_{to}}{k_{an}} + r_t \frac{\ln r_{wb}/r_{co}}{k_{cem}} \right)^{-1} \tag{4-2}$$

式中 r_{ci}——套管内径(m)；

r_{to}——油管外径(m)；

k_{an}——环空导热系数[J/(m·s·℃)]；

r_{wb}——裸眼井径(m);
r_{co}——套管外径(m);
k_{cem}——水泥环导热系数[J/(m·s·℃)]。

井筒周围地层中的热传导是一个不稳定传热过程,采用 Ramey 近似公式计算地层瞬时传热速度:

$$dq_e = \frac{2\pi k_e (T_h - T_e)}{f(t_d)} dh \tag{4-3}$$

$$f(t_d) \approx 0.5\ln t_d + 0.403 \tag{4-4}$$

$$t_d = (k_e t)/(\rho_e C_e r_{wb}^2) \tag{4-5}$$

式中 k_e——地层导热系数[J/(m·s·℃)];
T_e——地层温度(℃);
t_d——无因次时间;
t——热扩散时间(s);
ρ_e——地层岩石密度(kg/m³);
C_e——地层岩石比热[J/(kg·℃)]。

由式(4-1)、式(4-3)可以得到井筒流体在海床以下部分的总瞬时传热速度计算式

$$dq = 2\pi r_t dh U_o (T_s - T_h) + \frac{2\pi k_e (T_h - T_e)}{f(t_d)} dh \tag{4-6}$$

根据能量和温度的关系,可以得到控制体温度变化的计算式

$$dT = dq/(C_m w) \tag{4-7}$$

式中 C_m——井筒流体的定压比热[J/(kg·℃)];
w——流体质量流量(kg/s)。

在海床以上部分,考虑到深海天然气井有很长一部分井段在隔水套管中,则温度计算公式改写为

$$dq = 2\pi r_t dh U_g (T_s - T_g) + \frac{2\pi k_w (T_g - T_w)}{f(t_d)} dh \tag{4-8}$$

$$U_g = \left(r_t \frac{\ln r_{gi}/r_{to}}{k_{an}} + r_t \frac{\ln r_{go}/r_{gi}}{k_g} \right)^{-1} \tag{4-9}$$

$$t_d = k_w t/(r_w C_w r_{go}^2) \tag{4-10}$$

式中 U_g——隔水管总传热系数[J/(m²·s·℃)];
T_g——隔水管与海水交界处的温度(℃);
k_w——海水导热系数[J/(m·s·℃)];

T_w——海水温度(℃)；
r_{gi}——隔水管内径(m)；
r_{go}——隔水管外径(m)；
k_g——隔水管导热系数[J/(m·s·℃)]；
C_w——海水比热[J/(kg·℃)]。

4.3.2.2 深水测试井筒压力分布计算

计算气井井底压力的方法很多，其中 Cullender 和 Smith 提出的模型至今仍为气藏工程中井筒压力计算的首选方法。气井产出物从井底沿油管流到井口的总能量消耗中，动能损耗甚小，可以忽略不计。因此，气体稳定流动能量方程式可简化为

$$\frac{d\rho}{r}+g\,dh+\frac{fv_g^2}{2g}dh=0 \tag{4-11}$$

式中 ρ——气体密度(kg/m^3)；
v_g——气体流速(m/s)；
f——Moody 摩阻系数。

式(4-11)是在任何状态(p, T)下都成立的能量守恒微分方程式，由式(4-11)可以推导出 Cullender 和 Smith 方法用于干气井井筒压力计算的模型，即

$$\int_{P_{FTP}}^{P_{wf}}\frac{\frac{P}{TZ}dp}{\left(\frac{P}{TZ}\right)^2+1.324\times10^{-18}\times\frac{f_g q_{sc}^2}{r_t^5}}=\int_0^h 0.03418\gamma_g dh \tag{4-12}$$

式中 P_{wf}——井底流压(MPa)；
P_{FTP}——井口流动压力(MPa)；
T——任意井深处井筒内流体温度(℃)；
Z——气体偏差系数；
p——任意井深处井筒内流体压力(MPa)；
f_g——气体摩阻系数；
q_{sc}——产气量(m^3/d)；
γ_g——气体相对密度；
h——井深(m)。

由于天然气中可能有冷凝水和凝析油，会直接影响该方法的计算精度。因此对 Cullender 和 Smith 方法进行含液修正，以便更准确地计算含液气井井筒压力分布：

$$\int_{P_{FTP}}^{P_{wf}}\frac{\frac{P}{TZ}dp}{\left[\left(\frac{P}{TZ}\right)^2+1.324\times10^{-18}\times\frac{f_{gl} q_{sc}^2}{r_t^5}\right]F_L}=\int_0^h 0.03418\gamma_g dh \tag{4-13}$$

式中　f_{gl}——含水气体摩阻系数；

F_L——气体含液校正系数。

4.3.2.3　深水测试过程中水合物生成预测与预防

深海海底泥面低温环境（南海海底泥线附近的温度可能小于3℃）及井下关井后压力迅速减小将是导致水合物生成的主要原因。水合物的形成不仅会造成测试失败而且会大大增加井控风险，甚至带来灾难性事故。抑制水合物生成是深水天然气测试所面临的一个重要问题。

不同油嘴直径和下深位置井下节流后的地层加热效果不同，节流设计须确定控制流量及节流后温度压力下降不会产生水合物，其本质是利用井筒温度剖面和压力剖面，预测水合物的生成条件：如果气体压力低于水合物形成压力、气体温度高于水合物形成温度，则可保障气井正常生产；否则井下油嘴的设计参数（直径、深度）不合理。一般采用热力学方法进行统计。

巴尔列尔和斯丘阿尔特根据严格的统计热力学原理，推导出了预测天然气水合物生产条件的统计热力学算法，其方程的一般形式为

$$\ln Z - Y = 0 \tag{4-14}$$

$$Z = p_{H_2O}^{1(s)} / p_{H_2O}^{0(1,\ 2)} \tag{4-15}$$

$$Y = \gamma_1 \ln\left(1 - \sum_1^n \theta_{A_1}\right) + \gamma_2 \ln\left(1 - \sum_1^n \theta_{A_2}\right) \tag{4-16}$$

$$\gamma_1 = \frac{n}{(1+n)+m} \quad (n=3,\ m=5.75) \tag{4-17}$$

$$\gamma_2 = \frac{1}{(1+n)+m} \tag{4-18}$$

对指定结构的水合物，$\ln Z$ 是温度和压力的函数。当 $p \leqslant 5$ MPa 时，压力对 $\ln Z$ 的影响非常小，$p_{H_2O}^{0(1;\ 2)}$ 关系式可用两个三项方程（误差约为3.5%）来表示：

$$\lg p_{H_2O}^{0;\ 1} = -53.590\ 1 + 22.093\ 67 \tan T - 84.098\ 5/T \tag{4-19}$$

$$\lg p_{H_2O}^{0;\ 2} = -48.225\ 5 + 20.224\ 08 \tan T - 299.836/T \tag{4-20}$$

对于不含 H_2S 的天然气，$\lg Z$ 可用下式求解：

$$\text{当 } p > 6.9 \text{ MPa 时：} \lg Z = 8.975\ 1 - 0.033\ 039\ 65T \tag{4-21}$$

$$\text{当 } p < 6.9 \text{ MPa 时：} \lg Z = 3.515\ 170\ 5 - 0.014\ 360\ 65T \tag{4-22}$$

而 θ_{A_1} 和 θ_{A_2} 分别为气体A在水合物大、小空腔的填充程度，可表示为

$$\theta_{ij} = \frac{C_{ij} p_i}{1 + \sum_{i=1}^{2} C_{ij} p_j} \tag{4-23}$$

式中　i——水合物大、小两种空腔；

j——天然气组成；

C_{ij}——i 孔穴 j 组分的兰格缪尔系数，取

$$C_{ij}=\exp(A_{ij}-B_{ij}T) \tag{4-24}$$

水合物防治方法主要是通过工艺措施，将地层流体在整个测试流程中的温度、压力控制在预测的水合物形成包络线以外。要选用高效的水合物抑制剂(甲醇、乙二醇等)。根据预测计算，实时调整作业过程中水合物抑制剂的注入量大小，选择合适的化学注入泵。

4.3.2.4　实例分析

以中国南海某深水评价井为例。该井水深为 1 345 m，完钻垂深为 3 887 m，产层顶深为 3 142 m，产层厚 36 m，孔隙度为 24%～28%，渗透率为 300×10^{-3}～$3\ 000\times10^{-3}$ μm^2，海床温度为 3℃，地层压力为 32.36 MPa，地层温度为 90.3℃，地温梯度为 0.052 6℃/m，气体密度为 0.70 g/cm^3，气体含水为 0.245×10^{-4} m^3/m^3，并含有少量凝析油，裸眼完井、筛管防砂、采用 11.43 cm 油管生产。根据所建立的数学模型，应用以上基础数据，分别计算了不同井口压力、不同产气量条件下的井筒温度分布曲线。

由图 4-4 和图 4-5 中的计算结果可以看出，由于深水海床附近温度较低，在靠近海底部分的井筒温度下降明显。井口压力为 6.8 MPa 生产时井筒温度下降幅度较 20.5 MPa 时下降明显，这是因为流体丢失的热量正好是井筒和地层中传播的热量，流体从地层携带出的热量随产气量和压力的降低而减少，因此井筒温度下降幅度随产气量降低而增加。

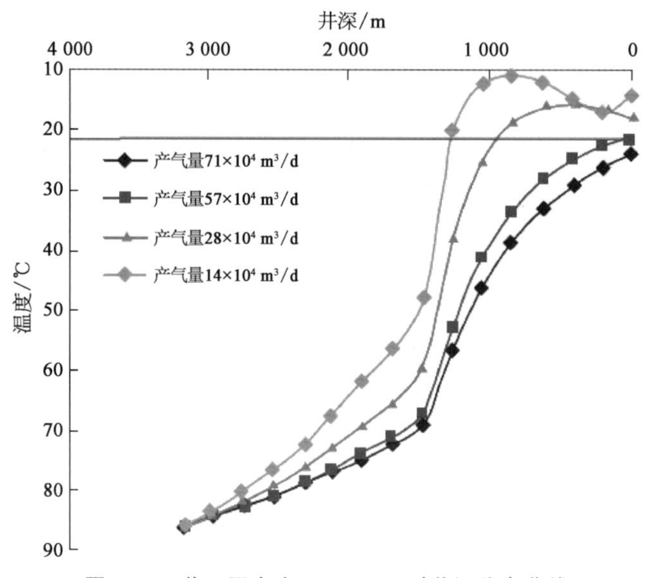

图 4-4　井口压力为 20.5 MPa 时井温分布曲线

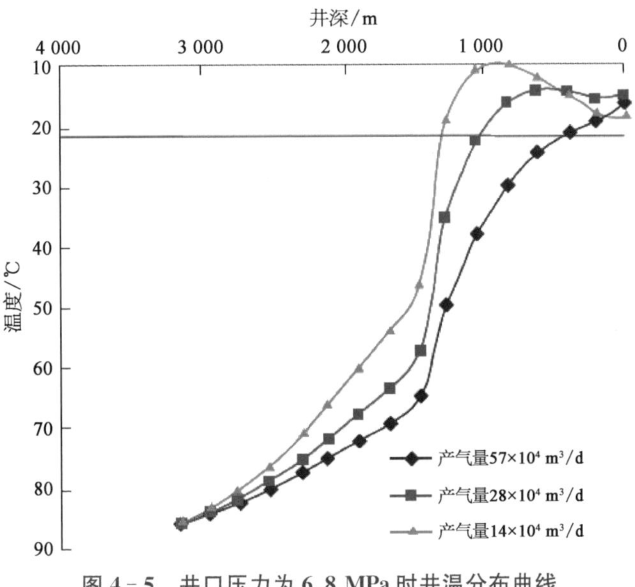

图 4-5　井口压力为 6.8 MPa 时井温分布曲线

该井天然气含有少量 CO_2 和微量 H_2S，参考 CH_4 的临界温度线（图 4-4、图 4-5 中的红线）为井筒天然气水合物生成线，表明在低产气量、低井口压力状态生产测试时，在靠近海床低温地层的井筒及以上部分有大范围生成天然气水合物堵塞井筒的可能。

试油测试过程中，在海床位置安装了数据直读系统，来采集油管内壁温度和压力。通过对比可以看出（表 4-5），由建立的井筒压力、温度分布预测模型计算得出的压力、温度，与实际值相差均小于 4.2%，满足现场要求，可用于实际生产测试。

表 4-5　不同产量和井口压力情况下海床温度、压力实测值与预测值

实测值				预测值		预测值与实测值的偏差分析			
产气量/($\times10^4$ m³/d)	井口压力/MPa	实测压力/MPa	实测温度/℃	预测压力/MPa	预测温度/℃	Δp/MPa	偏差/%	ΔT/℃	偏差/%
33.5	24.51	28.10	56.7	27.69	58.54	0.41	1.5	1.83	3.2
43.7	24.78	28.21	74.64	28.01	72.01	0.20	0.7	2.63	3.5
71.7	24.37	27.74	75.0	28.02	78.04	0.28	1.0	3.04	4.0
82.4	24.05	27.67	86.03	27.92	82.46	0.25	0.9	3.57	4.2
148.1	20.36	25.39	89.21	26.24	85.69	0.85	3.3	3.52	3.9

4.3.3　深水测试地面流程动态模拟

4.3.3.1　深水测试地面流程动态仿真特点

测试地面流程模拟的重点在油嘴管汇节流前后，加热器可调油嘴节流前后、分离器下游管线至燃烧臂。深水测试地面流程动态仿真的特点表现在以下方面：

① 深水测试地面工艺流程地面控制系统较为复杂，在仿真过程中需要统筹考虑紧急截断系统，压力、温度、液位调节系统及其调节作用对系统过渡过程的影响，将其纳入整个仿真工艺流程之中。

② 深水测试地面流程流动距离短(从井口到燃烧臂仅几十米)，流动压力、温度波动大，流动时间短，流体相态变化复杂。为了捕捉短时间内工况变化对流程温度、压力的影响，必须限制动态时间步长不能过大；而较小的时间步长又会增大仿真过程的时间复杂度，延长总计算时间。

4.3.3.2 深水测试地面流程仿真模型

OLGA 软件是全球多相流动仿真的工业化标准，在世界范围内得到了广泛的应用。结合深水测试流程，采用 OLGA7.1 软件建立深水测试地面流程动态仿真模型。根据前面的分析，地面流程中需要重点考虑的为节流阻流管汇、管线、换热器、分离器四种设备，以及紧急截断系统、油嘴压力控制系统、分离器出口压力控制系统、液位控制系统等控制单元。

这些设备和控制系统在 OLGA 软件中的实现方法如下：

(1) 管线

采用 Pipe 元件，根据地面测试流程中的管道长度、直径建立管线模型。

(2) 节流阻流管汇及油嘴压力控制系统

选择 Valve 元件，采用 Transmitter 变送器采集阀门出口压力，并将压力信号传送至工艺流程控制器中，控制器根据出口压力调节节流阻流管汇的开度，实现节流后压力控制。

(3) 换热器及温度控制系统

选择 HeatExchange 元件，设定换热器出口温度，并利用 Transmitter 变送器将换热器出口温度信号传送至工艺流程控制器中，控制器根据输入温度信号对换热器工作状况进行调整。

(4) 分离器及液位、压力控制系统

选择 Separator 元件，可根据介质需要选择两相或者三相分离器。对于两相分离器，采用阀门、压力变送器、工艺流程控制器控制油、水液位。

(5) 紧急截断系统

采用阀门、压力变送器和紧急截断系统控制器模拟井口和过滤器前的紧急截断系统，若系统发生超压情况，则立即截断系统。

4.3.3.3 某井测试地面流程模拟实例

南海某井口天然气组分见表 4-6，凝析油密度取 830 kg/m^3。

某井测试温度及压力见表 4-7。

表 4-6　某井口天然气组分

组　分	摩尔组成/%	组　分	摩尔组成/%
C1	84.65	C5+	0.56
C2	6.32	CO_2	4.82
C3	2.27	N_2	0.34
C4	1.05		

表 4-7　某井测试温度及压力

产能测试	流动时间/h	油嘴/mm	井口压力/MPa	井口温度/℃	气产量/($\times10^4$ m^3/d)	凝析油产量/(m^3/d)
1	8.285	11.11	25.11	34	45.00	43.68
2	4.95	15.88	24.35	47	83.55	102.4
3	3.76	23.81	20.63	55	148.46	171.75

某井测试流程中关键设备承压能力见表 4-8。

表 4-8　某井测试流程中关键设备承压能力

序　　号	设 备 名 称	设计压力/MPa
1	地面测试树	68.95
2	节流阻流管汇	9.90
3	测试分离器	9.90
4	缓冲罐	0.54

天然气测试地面流程模拟实例如下：

1) 测试产量 45 万 m^3/d

天然气测试产量 45 万 m^3/d 时的地面流程模拟结果见表 4-9。

表 4-9　天然气测试产量 45 万 m^3/d 时的地面流程模拟结果

节　　点	压力/kPa	温度/℃	气相流量/($\times10^4$ m^3/d)	液相流量/(m^3/d)
节流阻流管汇入口	25 110	34	45	43.68
节流阻流管汇出口	9 000	−1.7	45	43.68
换热器入口	8 998	−1.5	45	43.68
换热器出口	8 998	102.0	45	43.68
测试分离器入口	8 995	100.9	45	43.68

(续表)

节　　点	压力/kPa	温度/℃	气相流量/($\times10^4$ m^3/d)	液相流量/(m^3/d)
测试分离器出口	8 995	100.9	45	43.68
液体放空管线出口	500	83.4	—	43.68
气体放空管线出口	500	80.5	45	—

2）测试产量 83.55 万 m^3/d

天然气测试产量 83.55 万 m^3/d 时的地面流程模拟结果见表 4-10。

表 4-10　天然气测试产量 83.55 万 m^3/d 时的地面流程模拟结果

节　　点	压力/kPa	温度/℃	气相流量/($\times10^4$ m^3/d)	液相流量/(m^3/d)
节流阻流管汇入口	24 350	47	83.55	102.4
节流阻流管汇出口	9 000	11.78	83.55	102.4
换热器入口	8 953	11.75	83.55	102.4
换热器出口	8 953	68.18	83.55	102.4
测试分离器入口	8 930	68.18	83.55	102.4
测试分离器出口	8 830	67.59	83.55	102.4
液体放空管线出口	500	38.25	—	102.4
气体放空管线出口	500	33.18	83.55	—

3）测试产量 148.5 万 m^3/d

天然气测试产量 148.5 万 m^3/d 时的地面流程模拟结果见表 4-11。

表 4-11　天然气测试产量 148.5 万 m^3/d 时的地面流程模拟结果

节　　点	压力/kPa	温度/℃	气相流量/($\times10^4$ m^3/d)	液相流量/(m^3/d)
节流阻流管汇入口	20 630	55	148.5	171.75
节流阻流管汇出口	9 000	16.69	148.5	171.75
换热器入口	8 932	16.62	148.5	171.75
换热器出口	8 932	47.96	148.5	171.75
测试分离器入口	8 920	47.93	148.5	171.75
测试分离器出口	8 920	47.93	148.5	171.75
液体放空管线出口	500	15.50	—	171.75
气体放空管线出口	500	6.45	148.5	—

第 5 章　深水钻井液和固井水泥浆

本章主要介绍深水环境对钻井液、固井液的影响,在此基础上分别分析深水钻井液体系、固井水泥浆体系及其适应性,并阐述深水钻井液、水泥浆的性能评价方法及其设备,特别介绍深水特殊的钻井液和固井水泥浆设计相关理论。

5.1 深水环境对钻井液的影响

海水的温度随着海水深度的增加而降低,具有一定的规律性。在海水深度达到2 000 m 的情况下,海洋泥线的温度可能低到 2℃以下,在一些特殊的地区,当深度到达海底泥水分界面时,海水温度可能会降到 0℃左右。众所周知,环境温度对钻完井液、水泥浆的性能影响较大。海洋深水钻井过程中会遇到许多与钻井液有关的问题,诸如钻井环境温度低、钻井液流变性调控难、钻井液用量大、海底页岩的稳定性、井眼清洗、浅水流动、浅层天然气以及气体水合物的生成等。此外,深水钻井时温度变化明显,钻井液的流变性受温度影响很大,特别是动切力和低剪切速率下的黏度难以控制,由此引发的井漏、当量循环密度(ECD)高,压力控制难等一系列问题正在成为深水钻井面临的挑战。合成基钻井液以其机械钻速高、井壁稳定性能好等特点已成为海上油气钻探的常用钻井液体系,但该钻井液的黏度、切力受温度的影响较为明显,因而容易发生井漏,特别是在钻井液长时间静置的情况下更为严重。

1) 低温带来的影响

① 低温情况下,钻井液的流变性会发生较大变化,具体表现在黏度和切力大幅度上升,而且还可能出现显著的胶凝现象,这样对于现场钻井液调控就带来了很大的困难。同时,由于钻井液因其流变性在低温和高温条件下差异大,会造成 ECD 高、井漏和压力控制难等问题。

② 低温会增加生成天然气水合物的可能性。目前主要是通过在管汇外加有绝缘层,这样可以在停止生产期间保持生产设备的热度,从而防止因温度降低而生成气体水合物。当然也可以采取加入气体水合物抑制剂来减少生成天然气水合物的可能性。

③ 低温环境使井控更加困难:一方面,深水海域的节流管线和压井管线很长,导致压力损耗加大;另一方面,钻井液在低温情况下的胶凝现象使得高摩擦压力损失严重,这两方面因素都容易引发井控问题。

④ 低温会造成钻井液体积缩小,从而使得钻井液密度增大而导致液柱压力升高,这样不仅会引发气体水合物的生成,还有可能造成井漏。

2）钻井液黏度增加引发的问题

深水钻井低温高压条件会使钻井液黏度增加，钻井液黏度增加会带来以下问题：

① 导致地面条件下钻井液通过振动筛流动能力降低而造成钻井液损失，在钻井液重新循环时这种影响可造成振动筛被堵塞。

② 有时出现严重的胶凝效应。合成基钻井液的胶凝效应导致了不超过地层破裂梯度的压力就不能开泵的尴尬局面，对单位成本高昂的合成基泥浆，这将极大地降低使用合成基泥浆的经济效益，并且需要花费时间来进行堵漏作业。

③ 当发生气侵的时候，黏度的增加还会使微小气泡可以在立管中悬浮，降低钻井液密度。

④ 引起井下压力控制困难，这样的环境要求基液具有较低的动力黏度，以降低开泵造成的压力激动。

5.2 深水钻井液体系设计

5.2.1 适用于深水的钻井液体系

如前所述，海洋深水钻井过程中会遇到许多与钻井液有关的问题。针对深水钻井过程中这种特殊环境下的钻井作业，所设计的钻井液体系必须能够解决以下问题：

① 钻井液流变性受温度和压力影响小。

② 能够有效预防气体水合物的生成。

③ 具有良好的抑制性能，能有效稳定弱胶结地层。

④ 具有良好的动态携砂和静态悬屑性能，从而保证井眼清洁。

⑤ 能够满足健康、安全、环保的要求。

⑥ 具有较为经济的成本。

目前世界上深水钻井最活跃的地区主要包括墨西哥湾、西非和巴西。常用的钻井液体系有高盐/木质素磺酸盐钻井液体系、高盐/PHPA（部分水解聚丙烯酰胺）聚合物加聚合醇钻井液体系、油基钻井液体系以及合成基钻井液体系等。其中最有效、最常用而且又能满足环保要求的钻井液体系有高盐/PHPA（部分水解聚丙烯酰胺）聚合物加聚合醇钻井液体系和合成基钻井液体系。表 5-1 为目前国外常采用的钻井液设计。

表 5-1　国外常采用的钻井液设计

管　柱	井身结构	深度/ft	钻井液体系	问　　题
隔水管		1 500～7 000	容量 369 bbl/1 000 ft	水温低、气体水合物的生成、钻井液的流体静力学
结构管柱		泥线下 200～1 000	海水黏性液	浅层气/水流动、疏松地层、活性黏土、破裂梯度低
导　管		泥线下 1 000～2 000	海水黏性液	浅层气/水流动、疏松地层、活性黏土、破裂梯度低
表层套管		泥线下 2 500～3 500	抑制性水基钻井液(如高盐/聚合物钻井液、强化聚合醇钻井液)	浅层气、疏松地层、活性黏土、破裂梯度低
技术套管		泥线下 5 000～7 000	抑制性水基钻井液(如高盐/聚合物钻井液、强化聚合醇钻井液)	活性黏土、破裂窗口小
钻井衬管		泥线下 7 000～10 000	合成基钻井液	活性黏土、破裂窗口小、扭矩和抽吸力大
钻井衬管		泥线下 10 000～12 000	合成基钻井液	活性黏土、破裂窗口小、扭矩和抽吸力大
裸眼段		泥线下 12 000～17 000	合成基钻井液	破裂窗口小、扭矩和抽吸力大

5.2.2　高盐/PHPA(部分水解聚丙烯酰胺)聚合物钻井液体系

高盐/PHPA(部分水解聚丙烯酰胺)聚合物钻井液体系在 pH 为中性时抑制岩屑效果最好,适用于各种从淡水到饱和盐水的钻井液,当然在高盐环境下其使用效果最好。使用这种高盐/PHPA 钻井液体系时基本上可以抑制气体水合物。不过,如果为了更好地抑制水合物及页岩稳定,建议可以将聚合醇添加到这种钻井液体系中。维持 pH 呈中性,可以减少裸眼井段对页岩的分散作用,而钻井液的结构黏度又可以减少对井眼的水力冲蚀。

该钻井液体系具有良好的剪切稀释性。这种良好的剪切稀释性有助于提高机械钻速(在深水环境下作业时,这个问题常常并不重要),能够很好地满足环保的要求。但是,由于该体系中含有高浓度的盐类,因此该钻井液体系无法获得低于 10 lb/gal 的密度。

使用高盐/PHPA(部分水解聚丙烯酰胺)聚合物钻井液体系主要有以下优点:

① 生物毒性低。

② 生物降解相对较快。

③ 能够有效抑制气体水合物的生成。

但是，在使用该水基钻井液体系时，为了确保井眼清洁，并维护钻井液的性能，必须经常进行短程的起下钻，这将很大程度上减慢钻速，大大增加钻井时间，从而加大了钻井的成本。

5.2.3 合成基钻井液体系

5.2.3.1 合成基钻井液体系的性能

在墨西哥湾深水地区的小井眼侧钻超深井中，成功地应用了合成基钻井液体系。在钻该深水井时，最初选用的是盐水/淀粉/浊点聚合醇水基钻井液体系，但当井下条件恶化后发生了压差卡钻，因此最后选用了合成基钻井液体系，顺利完成了钻井作业。这种钻井液体系的综合性能要优于水基钻井液体系和油包水钻井液体系。典型的水基钻井液体系的塑性黏度、热膨胀和压缩性均比常规的原油和合成基钻井液体系低，这会导致 ECD 降低，同时也增加了对小井眼钻具拉力及扭矩的限制。对于柴油基水包油钻井液体系，由于其比矿物油或合成基钻井液体系更易于压缩，所以也不适合深水钻井作业。而矿物油钻井液体系，为保证零排放和零处理而增加的每桶费用要比使用合成基体系的低，但是当停钻时，驱替留在井眼里的矿物油基钻井液体系而造成污染的风险是不可接受的。

目前国外普遍应用的适用于深水钻井合成基钻井液体系的配方见表 5-2。

表 5-2 合成基钻井液体系的具体配方

产品名称	浓度	作用
线性 α 烯烃/酯(90/10)	0.462 bbl	基液
水	0.231 bbl	调节盐的浓度
有机土	2 lb/bbl	增黏剂
乳化稳定剂	6 lb/bbl	乳化剂
脂肪酸	3 lb/bbl	低剪切增黏剂
石灰	6 lb/bbl	碱度调节剂
聚酰胺类表面活性剂	6 lb/bbl	稀释剂
聚氨脂肪酸	4 lb/bbl	乳化剂
有机风化褐煤	6 lb/bbl	降滤失剂
氯化钙	25.5 lb/bbl	调节水相盐度
重晶石	375 lb/bbl	调节密度

注：密度为 14.8 lb/gal，合成基∶水=7∶3。

使用高温高压 FANN70Ⓡ型黏度计，在实验室模拟井下情况测量该钻井液的流变性能，在模拟井下实际压力条件下，给出了 40～275℉的性能数据，见表 5-3。

表5-3 合成基钻井液体系的流变特性

温度/°F		40	40	100	150	200	250	275
压力/(lb/in²)		0	2 300	5 500	8 500	11 500	18 500	19 500
刻度盘读数	600 r/min	148	192	117	99	80	70	67
	300 r/min	82	109	68	57	46	41	39
	200 r/min	60	81	52	43	35	31	30
	100 r/min	37	51	34	29	24	22	21
	6 r/min	11	15	13	11	9	9	8
	3 r/min	9	13	11	10	8	8	6
塑性黏度/cP		66	83	49	42	34	29	28
屈服值/(lb/100 ft²)		16	26	19	15	12	12	11
流动指数 N		0.914	0.877	0.871	0.899	0.892	0.893	0.859
K/(lb/100 ft²)		0.259	0.435	0.255	0.185	0.155	0.133	0.164
τ_0/(lb/100 ft²)		8.9	12.1	11.1	9.8	8.1	8.2	6.5

该井例表明，合成基钻井液体系具有合适的流变性，能够满足井眼和钻井隔水管之间温差的巨大变化，在深水钻井甚至是在进行小井眼侧钻井这样的复杂井时，都表现出了很好的效果。

因为合成基钻井液体系的流变性随给定井下条件的不同而变化很大，所以准确预测钻井液水力状况和ECD对成功完成深水钻井作业非常重要。

5.2.3.2 使用合成基钻井液的优点与局限性

1）优点

① 钻速快。

② 抑制性好。

③ 优异的钻屑悬浮能力。

④ 好的润滑性。

⑤ 井壁稳定。

⑥ 降低压差卡钻的发生率。

2）局限性

使用合成基钻井液也存在着一定的局限性，主要表现在以下几个方面：

① 成本相对较高。

② 容易造成井漏。

③ 影响地层评价。

实践证明，使用合成基钻井液可以减少事故的出现率，在1996—1997年阿莫克公司的深水钻井史上，使用合成基钻井液可以使事故时间缩短69%，从而大大减少了钻井时间，尽管与水基钻井相比，其成本高，但是综合计算后，仍然能够降低钻井综合成本达

55%，钻速提高率高达70%。

5.2.3.3　合成基钻井液流变性影响因素

国外深水钻井中使用最成功的就是合成基钻井液体系，一方面该体系在油水比高时可以有效抑制气体水合物的生成，另一方面该体系具有较好的润滑性、抑制性以及稳定性，大大减少了井下复杂事故的发生率，从而大幅度提高了机械钻速。但是，合成基钻井液体系成本较高，还容易引起井漏从而带来较大的经济损失。下面分析合成基基液、有机土、降滤失剂、油水比对合成基钻井液流变性的影响规律，并找出低温胶凝影响因素。

1）合成基基液性能的影响

合成基基液是配制合成基钻井液的基础材料，是人工合成的有机化合物，完全不与水混溶，为油包水乳液的连续相，是矿物油（柴油、白油）的替代品。其用作合成基基液的材料时应具备以下条件：a. 闪点和燃点要高，以确保使用安全；b. 芳烃含量低，生物毒性小，且易生物降解，环保性能好，可满足海洋钻井需要；c. 基液黏度不宜过高，且随温度变化要小，有利于钻井液流变性的控制和调整，可实现恒流变。

合成基基液从第一代合成基产品发展到目前的第二代产品，其中第一代合成基液有酯、醚、聚α-烯烃（PAO）、缩醛，第二代合成基基液有线性烷基苯（LAB）、线性烷烃（LP）、线性α-烯烃（LAO）和异构烯烃（IO）。进入21世纪，国外发展出了气制油（GTL）合成基基液。

合成基基液制备方法如下：

（1）酯基液

由醇和棕榈仁油生成的脂肪酸反应制得，是最早也是最广泛用于配制钻井液的合成基液之一，合成酯比天然酯（如植物油等）更纯，且稳定性更好，不含任何有毒性的芳香烃物质。

（2）醚基液

通过醇的缩合和氧化作用制得，是R—O—R′型化合物的总称，与酯基有类似的物理性质，不含任何芳香烃物质。目前使用的变体二乙醚比以前使用的单醚更容易产生微生物降解。

（3）聚α-烯烃（PAO）基液

由乙烯聚合制得，其聚合程度较高。在分子链末端保留有双键，因此易产生微生物降解。其性质与白矿物油类似，不含芳香烃和环烃化合物，分子量分布较窄。

（4）缩醛基液

通过醛类缩合制得，除运动黏度和闪点低于酯、醚基液外，其他物理性质类似。由于其相对成本较高，实际使用较少。

（5）线性烷基苯（LAB）基液

化学性质与甲苯类似，但有长链烷基与苯环连接。基液具有运动黏度低的特点，成本较低。因含有芳香烃等毒性物质，故实际使用较少。

(6) 线性烷烃(LP)基液

既可通过单纯的合成路线制得，也可通过加氢裂化和利用分子筛方法的多级炼油加工过程中制得。目前国外使用的LP基液大多数是通过炼油加工生产的。虽然炼油加工中生产的LP基液不是真正意义上的合成材料，但此法生产的成本比纯合成方法低，缺点是产品含有少量的芳香烃。

(7) 线性α-烯烃(LAO)基液

由乙烯聚合成的直链低聚产品，无支链，且在分子链末端α位置上有双键，分子量范围大约从112到260。不含任何芳香烃，基液黏度低(运动黏度为2.1～2.7 mm^2/s)。

(8) 异构烯烃(IO)基液

同LAO一样，是不存在支链的线性化合物，由LAO异构化合成，化学组成与LAO相同，结构差异是IO双键位置在中间碳原子之间。由此反映出来的性质差异是倾点明显比LAO的倾点低，这可能是IO的内双键使IO分子在冷却时不能均匀地裹在一起的缘故。由IO基液配制出的钻井液的综合性能特别优良，是目前最为理想的合成基液品种之一。

(9) 气制油(GTL)基液

用作油基钻井液基液的气制油为天然气制油的一组馏分油。

上述9种合成基基液以及5#白油的基本性能，见表5-4。

表5-4　不同类型基液的基本性能

基本性能	酯　基	醚　基	聚α-烯烃	缩　醛	线性烷基苯(LAB)
密度/(g/cm^3)	0.85	0.83	0.80	0.84	0.86
运动黏度μ/(mm^2/s)	5.0～6.0	6.0	5.0～6.0	3.5	4.0
闪点/℃	>150	>150	>150	>135	>120
倾点/℃	<−15	<−40	<−55	<−60	<−30
芳香烃	无	无	无	无	有
基本性能	**线性烷烃(LP)**	**线性α-烯烃(LAO)**	**异构烯烃(IO)**	**气制油(GTL)**	**5#白油**
密度/(g/cm^3)	0.77	0.77～0.79	0.77～0.79	0.78	0.82
运动黏度μ/(mm^2/s)	2.5	2.1～2.7	3.1	2.9	3～5
闪点/℃	>100	112～135	137	110	120
倾点/℃	<−10	−14～−2	−24	−23	0
芳香烃	有	无	无	无	有

可以看出，9种合成基基液以及5#白油的闪点都比较高，可以确保使用安全，除了线性烷基苯(LAB)、线性烷烃(LP)和5#白油含有芳香烃外，其他7种合成基基液不含有芳香烃。相比较而言，线性烷烃(LP)、线性α-烯烃(LAO)、异构烯烃(IO)、气制油

(GTL)四种合成基基液的运动黏度要低一些。与 9 种合成基基液相比,5# 白油的倾点要高一些,只有 0℃。

对于深水钻井,重点是要考虑钻井液的低温流变性,即钻井液在温度降至 4℃时,其切力不会出现显著增大,更不应该出现胶凝。由于合成基钻井液为油包水钻井液,其结构如图 5-1 所示,其乳液黏度满足 Sibree 提出的乳状液黏度公式,即

$$\eta=\eta_0\left[\frac{1}{1-(h\varphi)^{1/3}}\right]$$

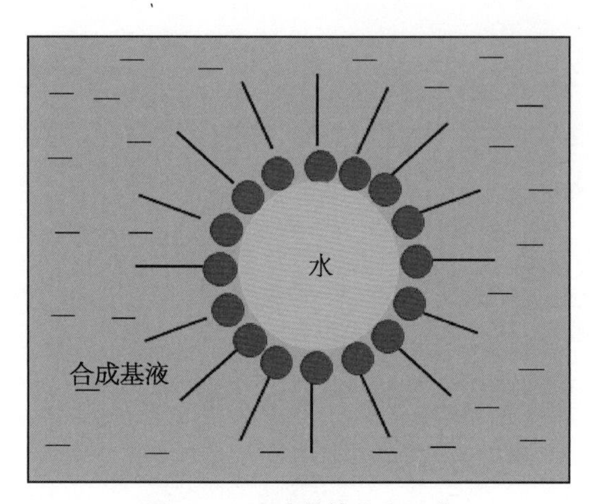

图 5-1 合成基钻井液组成

式中 η_0——基液黏度;

φ——分散相体积分数;

h——体积因子。

由上式可以看出,基液的黏度对合成基钻井液的黏度有很大影响,因此须选用自身黏度低且黏度随温度变化小的基液,作为恒流变合成基钻井液基液。

选取酯基、线性烷基苯(LAB)、线性 α-烯烃(LAO)、异构烯烃(IO)以及气制油(GTL)五种合成基基液,测定其在不同温度下(4℃、10℃、20℃、40℃、60℃、80℃)的运动黏度,并与 5# 白油进行比较,结果见表 5-5。

表 5-5 基液在不同温度下的运动黏度

温度/℃	运动黏度 μ/(mm²/s)								
	酯基	醚基	LAB	LAO (C16)	LAO (C14)	IO	GTL	5# 白油	特种油
4	23.15	18.45	12.23	8.93	8.25	9.22	10.25	14.15	10.33
10	18.12	13.93	10.54	7.72	7.44	7.94	8.5	11.12	8.73

（续表）

<table>
<tr><th rowspan="2">温度/℃</th><th colspan="9">运动黏度 μ/(mm²/s)</th></tr>
<tr><th>酯基</th><th>醚基</th><th>LAB</th><th>LAO (C16)</th><th>LAO (C14)</th><th>IO</th><th>GTL</th><th>5＃白油</th><th>特种油</th></tr>
<tr><td>20</td><td>14.06</td><td>10.13</td><td>8.35</td><td>5.96</td><td>5.83</td><td>6.14</td><td>5.35</td><td>9.06</td><td>5.49</td></tr>
<tr><td>40</td><td>11.1</td><td>6.95</td><td>6.27</td><td>4.76</td><td>4.22</td><td>4.88</td><td>4.35</td><td>7.11</td><td>4.28</td></tr>
<tr><td>60</td><td>7.35</td><td>4.51</td><td>4.64</td><td>3.35</td><td>3.22</td><td>3.94</td><td>3.82</td><td>5.35</td><td>3.96</td></tr>
<tr><td>80</td><td>5.4</td><td>3.32</td><td>3.56</td><td>2.91</td><td>2.61</td><td>3.25</td><td>3.12</td><td>3.64</td><td>3.21</td></tr>
</table>

由表 5－5 和图 5－2 可以看出，随着温度的降低，基液的运动黏度也随着增大。相比较而言，线性 α－烯烃(LAO)基液在低温下黏度要低一些，而酯基基液在低温下黏度明显要大很多。

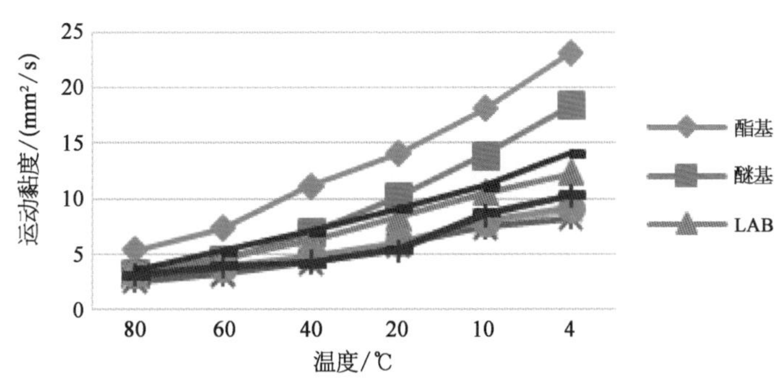

图 5－2　基液的运动黏度与温度的关系

用酯基基液和线性 α－烯烃(LAO)基液配制的合成基钻井液以及用 5＃白油配制的油基钻井液，测定其在不同温度下的流变性，结果见表 5－6。

表 5－6　不同基液配制的钻井液在不同温度下的流变性

<table>
<tr><th rowspan="2">温度/℃</th><th colspan="2">酯　　基</th><th colspan="2">线性 α－烯烃</th><th colspan="2">5＃白油</th></tr>
<tr><th>PV/(mPa·s)</th><th>YP/Pa</th><th>PV/(mPa·s)</th><th>YP/Pa</th><th>PV/(mPa·s)</th><th>YP/Pa</th></tr>
<tr><td>4</td><td colspan="2" rowspan="3">胶凝状</td><td colspan="2">胶凝状</td><td>43</td><td>13</td></tr>
<tr><td>15</td><td>25</td><td>11</td><td>32</td><td>12</td></tr>
<tr><td>25</td><td>21</td><td>10.5</td><td>29</td><td>11</td></tr>
<tr><td>35</td><td>58</td><td>20</td><td>19</td><td>11.5</td><td>25</td><td>11</td></tr>
<tr><td>45</td><td>54</td><td>16</td><td>15</td><td>11</td><td>18</td><td>10.5</td></tr>
<tr><td>55</td><td>52</td><td>13.5</td><td>14</td><td>9.5</td><td>16</td><td>9.5</td></tr>
<tr><td>65</td><td>45</td><td>11.5</td><td>13</td><td>8.5</td><td>15</td><td>8</td></tr>
</table>

注：热滚条件为 120℃×16 h。

钻井液配方：[基液：20%$CaCl_2$ 水溶液＝80：20]＋3%主乳化剂＋1%辅乳化剂＋3%有机土＋1%润湿剂＋1%碱度调节剂＋重晶石加重到 1.16 g/cm^3。

由表 5-6 可以看出，由低温下运动黏度高的酯基基液配制的合成基钻井液，在低温下会出现胶凝现象，不适用于深水钻井；线性 α-烯烃在 4℃时出现低温胶凝。而由白油配制的合成基钻井液，在低温下不会出现胶凝现象，但是没有达到恒流变要求。

综上所述，用于深水钻井的合成基钻井液，要选择基液本身黏度小且其黏随温度变化也小的基液，然后通过处理剂优选，实现钻井液恒流变。

2）有机土加量的影响

有机土是合成基钻井液最常用的增黏剂，它在控制重晶石沉降方面作用显著；但随有机土加量的增加，钻井液的流变性受温度的影响变大。若钻井液中不加有机土，钻井过程中会经常发生重晶石沉降现象，但是有机土加量过大，则钻井液流变性将随温度变化发生明显变化，见表 5-7。

表 5-7　有机土加量对钻井液性能的影响

有机土加量	测定条件/℃	AV/(mPa·s)	PV/(mPa·s)	YP/Pa	Φ6/Φ3	YP(4℃)/YP(t)	LAPI/ml	ESV
1%	滚前(65)	19	17	2	2/2	—	—	513
1%	滚后(4)	61.5	58	3.5	3/3	1.00	2.4	560
1%	滚后(25)	27.5	25	2.5	3/3	1.40	2.4	560
1%	滚后(65)	22.5	20	2.5	2/2	1.40	2.4	560
1%	滚后(80)	13	10	3	2/2	1.17	2.4	560
2%	滚前(65)	24	20	4	4/3	—	—	588
2%	滚后(4)	78.5	72	6.5	5/4	1.00	4.0	780
2%	滚后(25)	34.5	30	4.5	4/4	1.44	4.0	780
2%	滚后(65)	25.5	21	4.5	4/4	1.44	4.0	780
2%	滚后(80)	15	11	4	4/4	1.63	4.0	780
3%	滚前(65)	32	24	8	7/6	—	—	450
3%	滚后(4)	100	90	10	9/8	1.00	4.2	630
3%	滚后(25)	42.5	36	6.5	7/6	1.54	4.2	630
3%	滚后(65)	27.5	21	6.5	7/6	1.54	4.2	630
3%	滚后(80)	18	12	6	6/5	1.67	4.2	630
4%	滚前(65)	37.5	23	14.5	19/19	—	—	340
4%	滚后(4)	126	110	16	14/11	1.00	6.0	494
4%	滚后(25)	65.5	55	10.5	12/10	1.52	6.0	494
4%	滚后(65)	38.5	27	11.5	13/12	1.39	6.0	494
4%	滚后(80)	24.5	16	8.5	10/10	1.88	6.0	494

（续表）

有机土加量	测定条件/℃	AV/（mPa·s）	PV/（mPa·s）	YP/Pa	Φ6/Φ3	YP(4℃)/YP(t)	LAPI/ml	ESV
5%	滚前	配浆时，加入5%有机土后稠化严重						
	滚后							

注：热滚条件为120℃×16 h。

如图5-3、图5-4所示，随着有机土加量的增大，合成基钻井液的YP、Φ6、Φ3值也随着增加，相比较而言，合成基钻井液的YP(4℃)/YP(t)比值也随着增大。即有机土加量低时，钻井液恒流变特性好，但是钻井液的切力低，而有机土加量高时，钻井液恒流变特性差，但是钻井液的切力高。实验中发现，当体系有机土加量低于2%时，体系黏度和切力较低，会发生重晶石沉降；当有机土加量大于4%时，钻井液体系稠化严重，影响体系的流变性。因此，为了使钻井液具有良好的恒流变特性，在保持体系稳定性前提下尽量降低有机土加量。

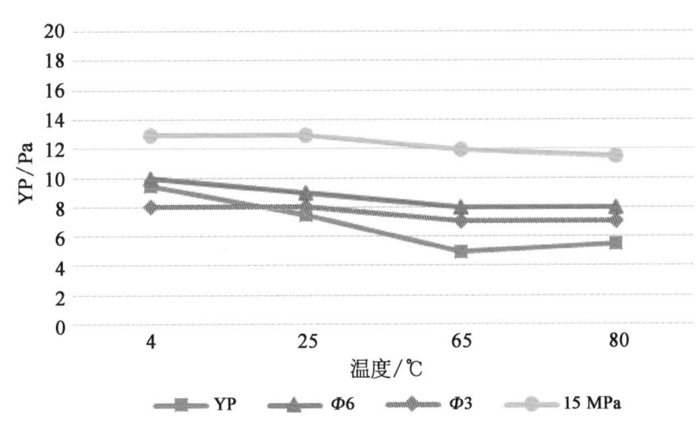

图5-3　有机土加量对钻井液YP值与温度关系的影响

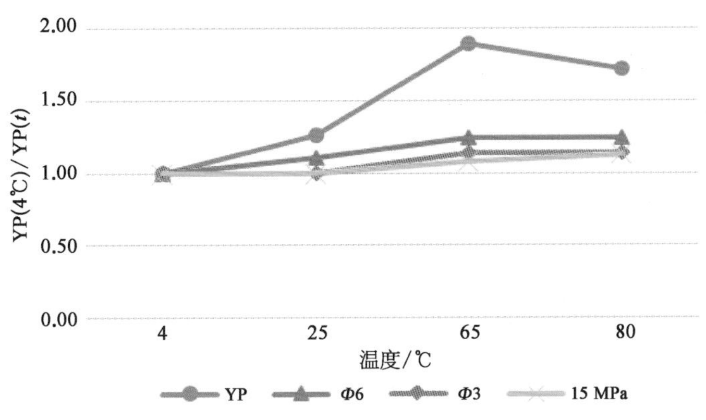

图5-4　有机土加量对钻井液YP(4℃)/YP(t)比值与温度关系的影响

3）降滤失剂的影响

在合成基钻井液体系中使用的降滤失剂能够在合成基基液中很好地分散，形成亲油性胶体，从而起到控制滤失量和增加钻井液体系稳定性的作用。室内对三种不同类型的降滤失剂进行了性能评价，包括高低软化点沥青、改性树脂降滤失剂等。研究降滤失剂种类对合成基钻井液低温流变性的影响，加量为3%，结果见表5-8。

表5-8 降滤失剂对钻井液性能的影响

滤失剂种类	测定条件/℃	AV/(mPa•s)	PV/(mPa•s)	YP/Pa	Φ6/Φ3	YP(4℃)/YP(t)
MOTEX 高软化点(≥180℃)沥青类	滚前(65)	28	22	6	6/6	—
	滚后(4)	96.5	86	10.5	10/8	1.00
	滚后(25)	43.5	35	8.5	8/7	1.24
	滚后(65)	30	23	7	8/7	1.50
	滚后(80)	17	11	6	5/5	1.75
MOFLB 改性树脂类	滚前(65)	32	24	8	7/6	—
	滚后(4)	100	90	10	9/8	1.00
	滚后(25)	42.5	36	6.5	7/6	1.54
	滚后(65)	27.5	21	6.5	7/6	1.54
	滚后(80)	18	12	6	6/5	1.67
MORLF 低软化点(≤120℃)沥青类	滚前(65)	34.5	26	8.5	7/6	—
	滚后(4)	106.5	94	12.5	5/4	1.00
	滚后(25)	45.5	42	3.5	4/3	3.57
	滚后(65)	28.5	24	4.5	3/3	2.78
	滚后(80)	16.5	12	4.5	3/3	2.78

注：热滚条件为120℃×16 h。

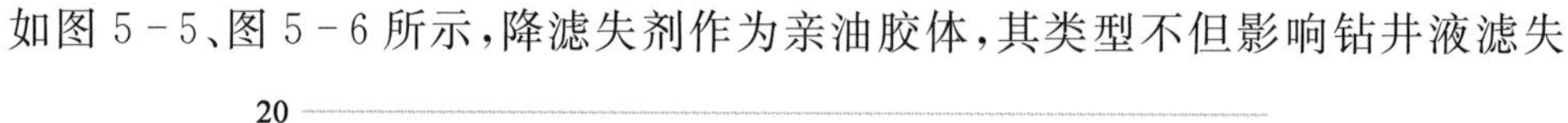

如图5-5、图5-6所示，降滤失剂作为亲油胶体，其类型不但影响钻井液滤失

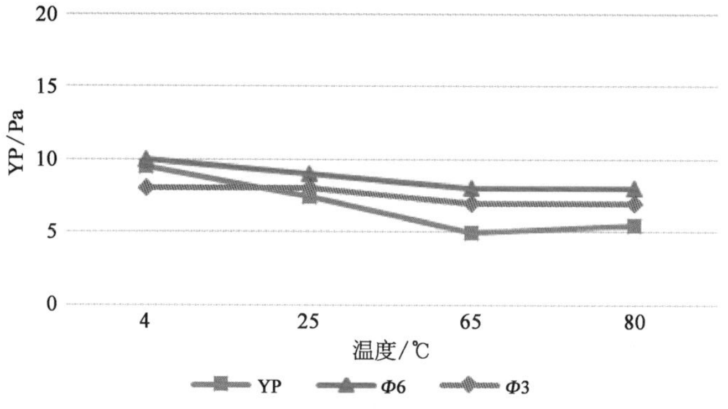

图5-5 降滤失剂加量对钻井液YP值与温度关系的影响

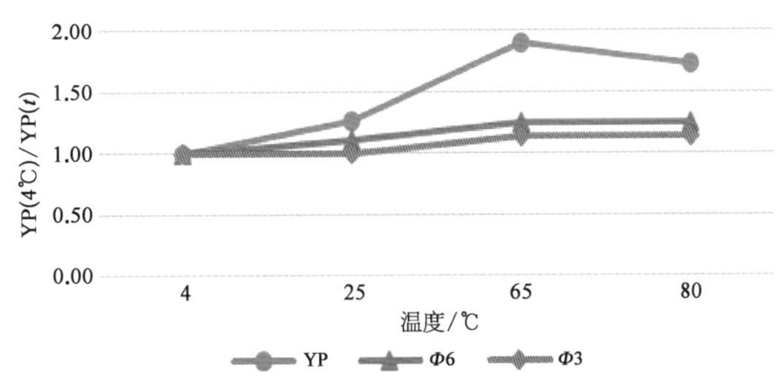

图 5－6　降滤失剂加量对钻井液 YP(4℃)/YP(t)比值与温度关系的影响

量，还同时影响钻井液流变性。低软化点(≤120℃)沥青类降滤失剂 MORLF 具有非常好的降滤失效果，但是低温流变性差，YP(4℃)/YP(t)比值大，即钻井液恒流变特性差。而 MOTEX 高软化点(≥180℃)沥青类降滤失剂和改性树脂类降滤失剂 MOFLB 同样具有好的降滤失效果(FL_{HTHP} 小于 15 ml)，但是 YP(4℃)/YP(t)比值小一些，钻井液恒流变特性相对好一些。因此，为了使钻井液具有良好的恒流变特性，在满足钻井液滤失量要求前提下选择对钻井液低温流变性影响小的降滤失剂。

4）油水比的影响

合成基钻井液属于油包水乳化钻井液，其水相含量通常用油水比来表示。合成基钻井液的油水比会影响整个体系的流变性、稳定性、滤失量以及成本。在一定含水范围内，合成基钻井液的黏度会随着水相比例的增大而逐渐增大，而且水相比例越大，该合成基钻井液体系的稳定性会下降，尤其是经过高温老化后，稳定性会随着水相比例的增大而急剧恶化。但是，从成本方面来考虑，水相含量越大，越有利于节约成本，降低钻井费用。所以，应选择合理的油水比例。

在不同油水比的条件下，分别测定合成基钻井液体系的流变性能、电稳定性以及滤失量，结果见表 5－9。

表 5－9　油水比对钻井液性能的影响

油水比	测定条件/℃	AV/(mPa•s)	PV/(mPa•s)	YP/(Pa)	Φ6/Φ3	YP(4℃)/YP(t)	L_{API}/ml	ES
90∶10	滚前(65)	26.5	20	6.5	6/6	—	—	560
	滚后(4)	85	78	7	7/6	1.00	9.6	1 156
	滚后(25)	37	31	6	6/5	1.17		
	滚后(65)	25.5	19	6.5	6/6	1.08		
	滚后(80)	14	9	5	5/4	1.40		

(续表)

油水比	测定条件/℃	AV/(mPa•s)	PV/(mPa•s)	YP/(Pa)	Φ6/Φ3	YP(4℃)/YP(t)	L_{API}/ml	ES
85∶15	滚前(65)	32	24	8	7/6	—	—	450
	滚后(4)	100	90	10	9/8	1.00	4.2	630
	滚后(25)	42.5	36	6.5	7/6	1.54		
	滚后(65)	27.5	21	6.5	7/6	1.54		
	滚后(80)	18	12	6	6/5	1.67		
80∶20	滚前(65)	37.5	29	8.5	9/8	—	—	360
	滚后(4)	115.5	105	10.5	9/8	1.00	6.4	499
	滚后(25)	49	42	7.0	7/6	1.5		
	滚后(65)	32.5	25	7.5	9/8	1.4		
	滚后(80)	19	13	6.0	6/6	1.75		
70∶30	滚前(65)	52.5	40	12.5	11/10	—	—	210
	滚后(4)	Φ600>300			16/13	—	—	346
	滚后(25)	74	62	12	12/10	—		
	滚后(65)	47.5	36	11.5	13/12	—		
	滚后(80)	31.5	22	9.5	11/10	—		
60∶40	滚前(65)	84	57	27	22/20	—	—	116
	滚后(4)	Φ600>300			24/20	—	—	225
	滚后(25)	148	121	27	19/16	—		
	滚后(65)	80	57	23	22/21	—		
	滚后(80)	45.5	27	18.5	18/17	—		

注：① 热滚条件为120℃×16 h。
② “—”表示无数据。

如图5-7、图5-8所示，随着油水比降低即水相比例越大，钻井液体系的表观黏度、塑性黏度以及切力都随水相比例的增大而增大，体系增稠的现象越严重，而

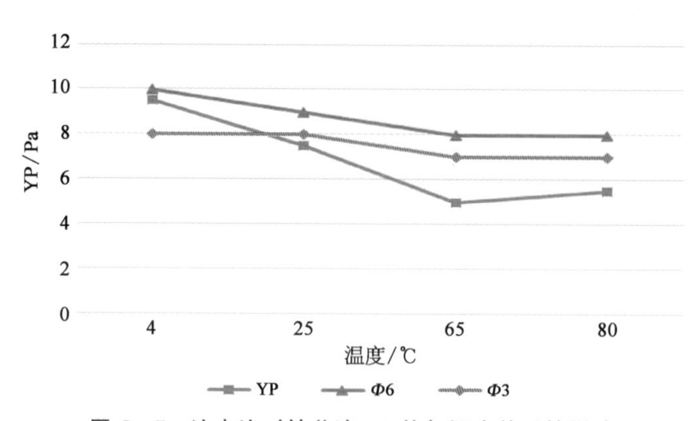

图5-7 油水比对钻井液YP值与温度关系的影响

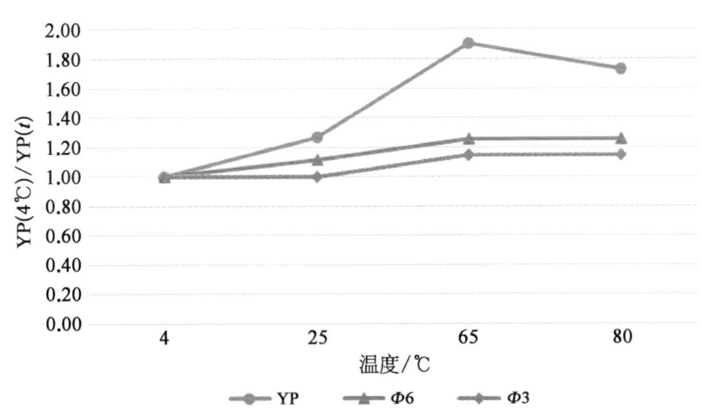

图 5-8　油水比对钻井液 YP(4℃)/YP(t)比值与温度关系的影响

且体系的稳定性逐渐下降。当体系中含水较少时，体系黏度偏低，切力偏低，低温流变性好，即 YP(4℃)/YP(t)比值小；当体系中含水较高时，体系黏度增加，切力增加，低温流变性变差，即 YP(4℃)/YP(t)比值大。当油水比为 70∶30 和 60∶40 时，体系在低温(4℃)时的流变性已经稠化，无法测定黏度，其破乳电压也显著降低，即体系的稳定性变差。因此，为了使钻井液具有良好的恒流变特性，需要控制合适的油水比例。

5) 合成基钻井液流变性大小影响因素分析

采用正交试验设计方法，对合成基钻井液流变性影响因素大小顺序进行研究，以确定影响合成基钻井液流变性的主要因素。

在前面单因素研究的基础上，以低温 4℃ 动切力和高温 80℃ 动切力的比值 YP(4℃)/YP(80℃)作为评价指标设计正交试验。影响合成基钻井液流变性的主要因素有基液类型、有机土加量、降滤失剂类型以及油水比，其中每个因素选取三个水平。正交试验因素与水平见表 5-10。

表 5-10　正交试验因素与水平

水　平	因　素			
	基液类型(A)	有机土加量(B)	降滤失剂类型(C)	油水比(D)
1	5＃白油	1.5%	高软化点沥青	90∶10
2	酯基基液	2.0%	低软化点沥青	80∶20
3	特种油	3.0%	改性树脂	70∶30

按选定的正交表，完成 9 次实验，结果见表 5-11。

表 5-11　正交试验的试验方案和实验结果

试验号	列　号				
	A	B	C	D	YP(4℃)/YP(80℃)
1	1	1	1	1	1.33
2	1	2	2	2	1.86
3	1	3	3	3	1.95
4	2	1	2	3	2.93
5	2	2	3	1	2.72
6	2	3	1	2	3.75
7	3	1	3	2	1.17
8	3	2	1	3	1.21
9	3	3	2	1	1.14

对指标 K、平均指标 k 及极差 R 进行计算分析，结果见表 5-12。

由表 5-12 可以看出，对合成基钻井液流变性影响因素大小顺序为：基液类型＞油水比＞有机土加量＞降滤失剂种类。

表 5-12　正交试验的指标 K、平均指标 k 及极差 R

K_1	5.14	5.43	6.29	5.19
K_2	9.40	5.79	5.93	6.78
K_3	3.52	6.84	5.84	6.09
k_1	1.71	1.81	2.09	1.73
k_2	3.13	1.93	1.98	2.26
k_3	1.17	2.28	1.95	2.03
R	1.96	0.47	0.14	0.53
因素主→次	ADBC			
优化方案	$A_3D_1B_1C_3$			

5.2.4　恒流变合成基钻井液体系

常规的合成基钻井液在温度和压力变化时会表现出很大的变化，这主要是由于基液的特性黏度受温度和压力影响较大。常规的合成基钻井液，在隔水管中由于低温会表现出高黏度、高凝胶强度、高抽吸压力和波动压力，而在井底高温情况下其黏度又会大幅度降低，从而导致井眼清洗效果差、加重剂沉降，还会由于钻屑床的行程而导致井漏和加重剂堵塞。与常规的合成基钻井液不同，恒流变合成基钻井液体系(FRIDF)不仅表现出优异的井眼清洗能力、悬浮性能、ECD控制能力，更重要的是该体系的流变性不受温度影响，所以该体系在深水钻井中越来越受到广泛的关注。典型的恒流变合成基钻井液体系能够不以牺牲钻井液流变性能为代价地解决工程问题。

恒流变合成基钻井液是一种以合成基基液为连续相，以水为分散相的乳状液。通常添加乳化剂、润湿剂、亲油胶体和加重材料等处理剂后形成稳定的乳状液体系。其主要成分如下：基油(base oil)、水相(water phase)、乳化剂(emulsifier)、润湿剂(wetting agent)、亲油胶体、石灰、加重材料、流变稳定剂。

试验表明，随着温度变化，聚合物和/或表面活性剂类流变稳定剂将具有积极的变化。当与有机土复配使用时，可以使钻井液的流变性基本上不受温度、压力变化而变化。这种性质主要取决于流变稳定剂的浓度和盐水相的碱度。

早期恒流变的定义描述为：在50℃下，6转的读数尽可能接近100转的读数或用库埃特黏度计测得的屈服值，这个“平坦”的流变声称可以减少大角度井的重晶石沉降和提高携岩能力。当前定义的恒流变描述了屈服值相对不变，在4℃、50℃和75℃时6转读数和3转读数，就像用标准库埃特黏度计测量得到的结果。人们开发了符合后者定义的恒流变设计的钻井液，并在马来西亚沙巴近海深水领域现场应用。该系统于2007年12月首次开始使用，并一直持续到现在。

恒流变合成基钻井液的流变性受温度的影响较小，特别是动切力、静切力和低剪切速率下的黏度等参数不随着温度的变化而改变，表现出稳定优良的流变特性。该特性主要通过以下两种方式实现：

1) 使用少量的有机土，并配合使用聚合物类增黏剂

聚合物类增黏剂随温度的升高而伸展变长，在低温条件下则呈卷曲状态且对黏度无影响。在具有恒流变特性的钻井液体系中，随着温度升高，有机土的增黏效果会有所减弱，此时聚合物增黏剂将发挥主要的增黏作用；而随着温度降低，聚合物增黏剂逐渐紧缩，此时有机土主要起增黏作用。

2) 使用一种温度活化型表面活性剂

该表面活性剂可与低浓度的有机土相互作用形成空间网状结构，从而达到增黏的目的。该空间网状结构随着温度升高而增强，随着温度降低而减弱。而有机土则正好相反，其随着温度升高而导致钻井液黏度降低，随着温度降低而导致钻井液黏度增大。正是两者之间此消彼长的互补特性，实现了合成基钻井液的恒流变特性。

研究表明，以上两种方式存在着一个过渡温度段，即聚合物类增黏剂提供的黏度不能完全补偿有机土降低的黏度。因此恒流变合成基钻井液的流变特性对温度的变化会呈现出“U”形曲线，即动切力随着温度的升高先略有降低后又增大，而传统合成基钻井液的动切力则随着温度的升高而逐渐降低。

2002年恒流变合成基钻井液体系被研制，以应对常规钻井液引起的一系列问题。最初的恒流变合成基钻井液体系包括两种有机土、一种乳化剂、一种润湿剂以及两种流型调节剂，以达到恒流变的性能。此体系能在40～150℉下保持6转值、屈服值、10 min的凝胶强度恒定。该体系的配方见表5-13。

表 5-13 最初的恒流变合成基钻井液体系的典型配方

材料	加量/(lb/bbl)	加量/(g/100 ml)
有机土 A	1～3	0.28～0.85
有机土 B	0.5～1	0.14～0.28
石灰	2～4	0.57～1.14
乳化剂	7～10	2.00～2.85
润湿剂	1～3	0.28～0.85
流型调节剂 C	1～2	0.28～0.57
流型调节剂 D	0.5～1.5	0.14～0.43
流型调节剂 E	0～10	0～2.85
降滤失剂	0.5～2.0	0.14～0.57

自恒流变合成基钻井液最初被研制出之后，在深水区域被使用了数百次，表现出很多优点，例如机械钻速快、井眼清洗效果好、ECD 低、井漏发生次数少等。但是也表现出一些缺点，例如体系配方复杂、不利于工程维护和调控、当体系被低比重固相污染后 10 min 的凝胶强度过高等。因此，该体系也在不断改进中，并研制出了新一代恒流变合成基钻井液(NFRS)，该体系的典型配方见表 5-14。

表 5-14 新一代恒流变合成基钻井液体系的典型配方

材料	加量/(lb/bbl)	加量/(g/100 ml)
有机土	1～3	0.28～0.85
石灰	2～4	0.57～1.14
乳化剂	8～12	2.28～3.42
流型调节剂	0.75～1.5	0.21～0.42
降滤失剂	0.5～2.0	0.14～0.57
加重剂	根据所需密度加入	

新一代恒流变合成基钻井液体系在不同泥浆密度下的性能见表 5-15。

表 5-15 新一代恒流变合成基钻井液体系在不同泥浆密度下的性能

项目	10 lb/gal 150℉			12 lb/gal 180℉			14 lb/gal 250℉			16 lb/gal 300℉			18 lb/gal 350℉		
油水比	70/30			70/30			75/25			80/20			85/15		
流变性测定温度/℉	40	100	150	40	100	150	40	100	150	40	100	150	40	100	150

（续表）

项　目	10 lb/gal 150℉			12 lb/gal 180℉			14 lb/gal 250℉			16 lb/gal 300℉			18 lb/gal 350℉		
600 转读数	134	84	71	161	92	76	200	100	80	205	111	83	355	198	122
300 转读数	83	55	51	93	57	51	114	62	54	115	67	55	194	115	72
200 转读数	62	44	44	69	44	40	82	50	45	83	52	45	138	86	56
100 转读数	41	33	35	43	30	30	49	36	34	49	37	34	81	54	39
6 转读数	15	21	29	15	15	15	18	18	17	15	16	15	21	17	16
3 转读数	14	19	27	13	14	14	16	17	15	13	15	14	17	15	15
PV/cP	51	29	20	68	35	25	86	38	26	90	44	28	161	83	50
YP/(lb/100 ft^2)	32	26	31	25	22	26	28	24	28	25	23	27	33	32	22
10 s Gel/(lb/100 ft^2)	24	27	30	24	19	18	25	20	18	26	20	17	28	23	19
10 min Gel/(lb/100 ft^2)	30	33	32	29	26	23	30	26	22	32	25	22	36	29	24
ES/V	449			467			508			697			839		

注：① 所有的测试钻井液均加入 25 lb/bbl 的 API 评价土作为模拟钻屑。
② 1 lb/gal=1 磅/加仑，其中 1 gal=4.546 09 L。

新一代恒流变合成基钻井液可使用不同基液，例如矿物油（MO）或石蜡（PO），其性能对比见表 5－16。

表 5－16　新一代恒流变合成基钻井液体系不同基液下的性能

项　　目	12 lb/gal MO 150℉			13 lb/gal PO 150℉			16 lb/gal MO 250℉		
油水比	70/30			70/30			85/15		
流变性测定温度/℉	40	100	150	40	120	150	40	100	150
600 转读数	97	59	50	186	77	67	96	60	50
300 转读数	56	35	32	104	50	45	54	33	28
200 转读数	41	26	25	76	40	37	40	26	22
100 转读数	26	20	20	46	29	27	25	18	17
6 转读数	10	10	11	13	12	12	9	8	9
3 转读数	8	10	11	12	11	10	7	7	7
PV/cP	41	24	19	82	27	22	42	27	22
YP/(lb/100 ft^2)	15	11	13	22	23	23	12	6	6
10 s Gel/(lb/100 ft^2)	13	12	12	17	14	14	7	9	10
10 min Gel/(lb/100 ft^2)	20	17	15	26	17	15	13	11	12

由表 5-16 中数据可以看出，该体系对于不同的基液有很强的适应性，均表现出稳定的性能。

目前，恒流变合成基钻井液体系已成功应用于墨西哥湾海域，并逐渐应用于亚洲近海海域，以及西非近海、巴西近海等地区。

5.2.5 深水钻井液的气体水合物抑制

5.2.5.1 气体水合物的危害

海洋深水钻井作业环境恶劣，操作条件复杂，其中之一便是钻井液中容易形成天然气水合物。水合物的存在对钻井安全和完井效率有严重威胁，其能堵塞上部环空、防喷器和压井管线，妨碍油井的压力监控，限制钻柱活动，导致钻井液性能变坏，堵塞气管、导管、隔水管，造成钻井事故。

气体水合物对钻井危害很大，它可以阻塞防喷器、压井管线、环空通道，造成钻井事故。水合物的形成会消耗钻井液中的水，使重金属沉降，使钻井液黏度增大，性能下降。水合物返到地面时也会造成危险，甚至威胁作业人员的生命安全，因为 1 m^3 的气体水合物会产生 170 m^3 的气体，它们冲出井口时可能会造成爆炸和火灾。

为了预防和消除气体水合物的危害，对气体水合物的生成及抑制机理进行了室内研究，并对恒流变合成基钻井液的水合物抑制能力进行评价，以防钻井事故的发生。

5.2.5.2 气体水合物的形成原因

导致气体水合物形成的原因很多，其主要原因包括气体中夹带有温度达到或低于水露点的自由水、低温条件和高压条件；次要原因包括高的钻井液流速、压力的波动、各种搅拌的机械作用和混入小块水合物晶体。

深水条件下钻井时，钻井液可提供自由水，海底会遇到低温（40～45℉），钻井液的静水压头将产生高压，在这种条件下，上述导致气体水合物形成的几项主要原因都可能存在。

大量的研究结果表明，气体水合物的生成除了与天然气的组分和自由水的含量有关外，还需要具有一定的温度和压力条件。水合物的形成需要具备三个条件，其中两个为主要条件：天然气必须处于水汽过饱和状态或者有水存在的环境下；必须具有足够高的压力和足够低的温度；另外还需要一个辅助条件：如压力波动、气体流动方向突化而产生搅动、酸性气体的存在、微小水合物晶核的诱导等。因此，有必要在深水用钻井液中添加某种处理剂，能够抑制正常钻井作业时气体水合物的形成。

5.2.5.3 气体水合物抑制剂分析

国外的实验和实践表明，抑制气体水合物的方法很多，除了使用低密度的钻井液以降低泥浆柱的压力外，最常用的就是在钻井液中加入化学处理剂，抑制水合物的形成和聚集，称之为水合物抑制剂。通过对国内外不同种类气体水合物抑制剂的资料调研分析，到目前为止气体水合物抑制剂可分为以下三大类：热力学抑制剂、动力学抑制剂和防聚集剂。

1）热力学抑制剂

目前国外最常用的方法就是在钻井液体系中添加一定量的热力学类水合物抑制剂来防止气体水合物的生成。其作用机理主要是通过添加的抑制剂改变烃类气体分子与钻井液中水分子之间生成气体水合物所需的温度和压力条件，使之在一定温度条件下提高生成水合物所需压力，从而达到抑制气体水合物生成的效果。同时抑制剂与已有的水合物之间进行作用，改变水合物相平衡曲线，使其不稳定而发生分解，从而得以清除。目前热力学抑制剂广泛应用于钻井液抑制气体水合物，它主要包括盐电解质类和醇类两种。

常用的盐类抑制剂包括 NaCl、$CaCl_2$、KCl、NaBr、甲酸钠、甲酸钾等，盐的浓度对气体水合物的抑制效果有决定性的影响。气体水合物的抑制效果随盐类的浓度增加而增加。目前国外最常用的抑制气体水合物的钻井液体系就是采用 20%NaCl 的高盐聚合物钻井液体系。

为了具有更好的抑制气体水合物的能力及提高水敏性地层的抑制性和储层保护能力，体系中往往会加入聚合醇等醇类衍生物。目前常见的醇类抑制剂有甲醇和乙二醇，但该类抑制剂必须应用在高浓度条件下才能表现出较好的效果，当浓度低时不但不能发挥抑制效果，而且还会促进水合物的生成和生长。此外，醇类抑制剂的费用也很高，而甲醇又具有毒性、对环境不友好，考虑到安全环保以及经济的问题，一般情况下不考虑采用甲醇抑制的方法。

2）动力学抑制剂

与改变水合物热力学生成条件的热力学类气体水合物抑制剂不同，动力学类水合物抑制剂的作用原理主要是通过该类处理剂的吸附作用来完成的。在气体水合物生成过程中，动力学类气体水合物抑制剂吸附在水合物晶核表面，控制水合物晶体的生长和聚集，从而延长气体水合物生成的时间。

天然气水合物动力学抑制剂的研究发展很快，目前动力学抑制剂主要包括表面活性剂类、酰胺类聚合物、酮类聚合物以及亚胺类聚合物等。

3）防聚集剂

防聚集剂是近年来应用于储运方面的一种气体水合物抑制剂，其主要特点是加量较少，但必须在体系当中还有一定的油相时才能发挥效果，它在气体水合物晶核表面进行吸附，并通过油相的包裹，从而阻止气体水合物的生长。因此其应用受到一定的限制，只有在钻井液体系当中同时含有水和油的情况下才能起到作用。

能够抑制气体水合物生成的处理剂较多，但应用于钻井液中的相对较少，从以上对气体水合物抑制剂的分类来看，动力学抑制剂及防聚集剂均不能有效改变生成气体水合物所需的压力和温度条件。其主要原理分别是延缓气体水合物的生成或防止水合物结块。从钻井过程中的复杂性考虑，一旦钻井遇到复杂情况需要长时间静止时，动力学抑制剂将很难保证能够有效抑制气体水合物的生成，而防聚集剂的先决条件是钻井液体系当中必须含有一定量的油类，这有悖于海洋环境保护的要求，因此目前广泛应用于钻井液中的气体水合物抑制剂主要是热力学抑制剂类，其中由于盐类抑制剂来源广、成本低，同时能够提高钻井液的抑制性，因此应用最为广泛。

5.2.5.4　深水钻井液抑制水合物能力评价

恒流变合成基钻井液体系是以油基为外相、水为内相乳化而成的一种乳状液，由于天然气在油基中以溶解状态存在，因此，考察合成基钻井液体系的水合物抑制能力主要以水相的抑制能力为主，实验室对不同浓度盐水溶液和钻井液体系的水合物抑制能力进行研究，如图 5－9 所示。

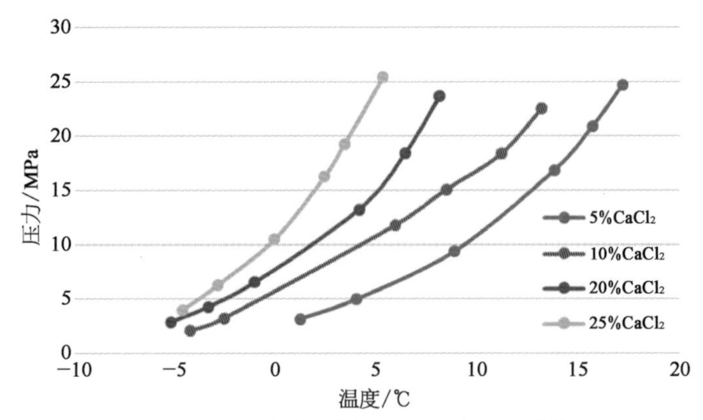

图 5－9　不同浓度氯化钙盐水水合物生成模拟

通过测定不同氯化钙盐水生成水合物的模拟试验，25％的氯化钙水溶液在 4℃时水合物的生成压力大于 20 MPa。由此可以说明，合成基钻井液体系在使用高浓度盐水作内相时，4℃条件下水合物的生成压力大于 20 MPa，即低于该压力不加抑制剂，钻井液也不会生成气体水合物。

5.3　深水钻井液性能评价方法及设备

为了确保合成基钻井液体系能够满足现场安全使用的要求，需要对确定的合成基钻井液体系进行系统、全面的评价，分别评价合成基钻井液的流变性能、滤失性能、电稳定性、抗污染性能、抗温性能、对气体水合物抑制性能、储层保护性能以及防漏堵漏性能等。

5.3.1　评价方法的建立

用于深水钻井的恒流变合成基钻井液体系，除要满足常规钻井液的基本性能外，还必须满足深水钻井这种特殊环境下作业所要求的钻井液特殊性能，即低温条件下流变性能良好和能够有效预防气体水合物的生成。这同样给评价方法和评价装置提出新的要求，即要求能够评价低温（0～4℃）到高温以及高压下流变性，另外还要能够模拟评价深水钻井井筒内气体水合物在钻井液中的生成和抑制能力。

目前，室内和现场用于评价钻井液流变特性的流变仪较多，但都存在一定的局限性。比如：广泛应用的 ZNN－6 型六速旋转黏度计只适用于室温常压条件下流变性的测定；OFITE900 流变仪可以测定室温到高温下钻井液的流变性，但该仪器不能加压，无法满足高压钻井的评价要求；Fann50 高温高压流变仪可用于测定高温高压条件下钻井液的流变参数，满足高温高压井钻井的需求，但无法实现低温条件钻井液流变性的测定。可见，现有的钻井液流变仪只能适用于特定的实验条件，不能完全涵盖钻井中面临的各种温度和压力条件。

因此，开发适用于模拟深水钻井条件下测定钻井液流变特性的新型流变仪，利用其开展深水钻井液体系研究，优选适用于深水钻井的钻井液体系，对解决深水钻井作业意义重大。FannIX77 全自动钻井液流变仪为国外最新研究仪器，可测试－10～316℃、最高压力达 30 000 psi 条件下流体的流变性，在评价深水钻井液的流变性方面具有独特的优势，对指导科研和实际生产都具有十分重要的意义，但该仪器价格较为昂贵，还须进口。为实现深水钻井液流变性测定仪器的国产化，试制了深水钻井液井下流变温度压力动态模拟仪。

5.3.2　深水钻井液低温常压流变性评价

考虑到深水钻井温度对钻井液流变性影响较大，尤其是在低温（4℃）下，常规钻井液易产生胶凝。相比较而言，压力钻井液流变性影响要小些。为了便于快速评价钻井液流变性，建立了深水钻井液低温常压流变性评价方法。

1）低温常压流变仪

考虑到海洋深水钻井中低温可低至 0～4℃范围内，所以必须要对低温条件进行模拟并完成流变性测试。室内研究根据深水低温的特点采用了低温流变仪实验装置，该仪器的主要特点是一体化以及流变性测量无级变速。即采用步进电机，带动转筒旋转；采用扭矩传感器监测黏度变化，克服传统流变仪使用弹性游丝测量不准等缺点；显示方式可数字显示，也可接入计算机进行显示，消除了传统流变仪读数困难、易造成人为误差等缺点。图 5－10 给出了该实验仪器的流程图。

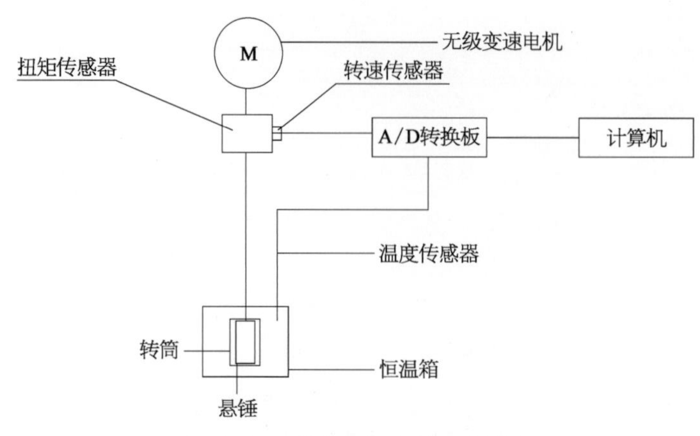

图 5-10　低温常压流变仪流程图

该仪器由一个电机带动转筒，可在不同转速下转动，悬锤安装在转筒内部并与之同轴，悬锤上端经主轴与扭矩传感器相连，传感器与数显表相连。测试流体样品的黏度时，将盛有样品的样品杯向上移动，使转筒和悬锤浸没到液位刻线处。转筒转动时，由于流体黏滞力的作用，带动悬锤转动，扭矩传感器测得此扭转力矩，经过计算在数显表上显示黏度值。仪器的主要工作参数为：电源为 220 V±5% V，50 Hz；工作温度为 −10～80℃；电机功率为 75 W；电机转速为 750 r/min/1 500 r/min；变速范围为 1～600 r/min 任意调节；测量精度为 1%～2%；测量黏度范围为 0～300 mPa · s。

2) 低温流变性实验评价方法

① 配制钻井液体系，在室温下测定钻井液滚前流变性。

② 将钻井液放置在滚子加热炉上，在一定温度下老化 16 h。

③ 将所测钻井液放置在深水低温流变仪中，选择低于室温的一个温度点条件下恒温冷却钻井液。当钻井液温度下降到测定温度后恒温 20 min，测试该温度下钻井液的流变性。

④ 改变测量温度，按步骤③重复进行实验，测量出不同温度条件下钻井液体系的流变性。

5.3.3　深水钻井液不同温度压力条件下流变性评价

对于深水钻井，不但要考虑温度对钻井液流变性影响，同时还要考虑压力对钻井液流变影响。为了能够全面评价深水钻井液在不同温度和压力条件下流变性，须建立深水钻井液井下温度压力条件流变性评价方法。

1) 深水钻井液井下流变温度压力动态模拟仪

单通道深水钻井液井下流变温度压力动态模拟仪测量原理为：该仪器采用同轴圆筒测量系统，与 ZNN-6 型六速旋转黏度计的测量原理相似，当外筒以某一速度旋转时，它将带动内外筒间隙里的钻井液旋转。由于钻井液具有黏滞性，在内筒产生旋转扭矩使与弹簧连接的内筒转动一定角度。根据牛顿内摩擦定律，流体黏度与转动角度成正比，因此，钻井液黏度的测量就转化为内筒转角的测量。不同的是，该仪器采用特殊的磁敏传感器测量扭矩组合的磁转角来实现数据的采集，大大提高了数据的精确性。低温高压流变仪结构图如图 5-11 所示。

图 5-11　低温高压流变仪结构图

2）高低温高压流变性实验评价方法

① 配制钻井液体系，在室温下测定钻井液滚前流变性。

② 将钻井液放置在滚子加热炉上，在一定温度下老化 16 h。

③ 打开组合釜盖，连带取出测量元件，从旋转筒的上方注入待测钻井液，将测量元件装入旋转筒内，并拧紧组合釜盖。

④ 在测试开始前，根据测试要求，对旋转筒中待测钻井液的温度压力条件进行调节。

⑤ 待测钻井液达到测试要求的温度压力条件后，开启驱动电机，通过皮带轮带动高压釜体内的下磁环转动，在磁力作用下，高压釜体内的上磁环会随着下磁环一起转动，从而带动旋转筒转动；旋转筒内的钻井液在随着旋转筒一起转动的同时，会通过钻井液的黏滞作用带动测量体转动，测量体的转动会通过其输出轴带动组合釜盖内的下磁环转动，在磁力作用下，组合釜盖内的上磁环会随着下磁环一起转动，连接上磁环扭矩传感器的输入轴便会将输入轴感应的扭转信息输入给扭矩传感器。

⑥ 与扭矩传感器连接的控制系统经过计算，便可以得出待测钻井液的流变参数。

⑦ 改变测量温度或压力，按步骤③～⑥重复进行实验，测量出不同温度压力条件下钻井液体系的流变性。

5.3.4 深水钻井气体水合物生成模拟评价

对于深水钻井，必须要能够有效防止井筒气体水合物生成。为了能够评价深水钻井液在海平底井筒是否会由于温度低导致气体水合物形成，须建立深水钻井气体水合物生成模拟评价方法。

室内研究根据深水低温高压特点进行了高压动态模拟水合物热力学条件测试仪的设计。该仪器能进行静态和动态纯水体系下的水合物形成和分解实验研究；能进行静态和动态钻井液体系下水合物形成和分解特性研究；能用于水合物抑制剂的筛选实验。同时该仪器可实现 30 MPa 压力以下可视化，核定试验压力达到 50 MPa。

高压动态模拟水合物热力学条件测试仪主要由钻井液储罐、泥浆泵、流量传感器、气体增压泵、反应釜、磁力搅拌机构、高低温试验箱、制冷系统、减压阀、压力测量系统、数据采集与处理系统、机箱等组成。工作温度为－40～80℃；工作压力≤50 MPa；反应釜体积为 1 500 ml；温度传感器精度为 0.1℃，压力传感器精度为 0.25% F. S，质量流量传感器精度为 1% F. S；实验介质类型为水、钻井液、甲烷和天然气。图 5-12 给出了室内研究中气体水合物生成的照片。

图 5-12　气体水合物生成情况

如图5-13所示，高压动态模拟水合物热力学条件测试仪的工作原理为：首先用清洗液和实验气体吹洗高压反应釜及其管路，然后通入一定体积钻井液或纯水至高压反应釜中。随后打开气体增压泵，泵入实验气体至一定压力。静置一段时间后，开启高低温试验箱和磁力搅拌装置，设定温度，记录降温过程的压力、温度和流量变化。实验结束后，打开排气口减压阀，卸载系统压力。然后打开排液口，排出钻井液或纯水。改变实验设定，可进行多种实验。

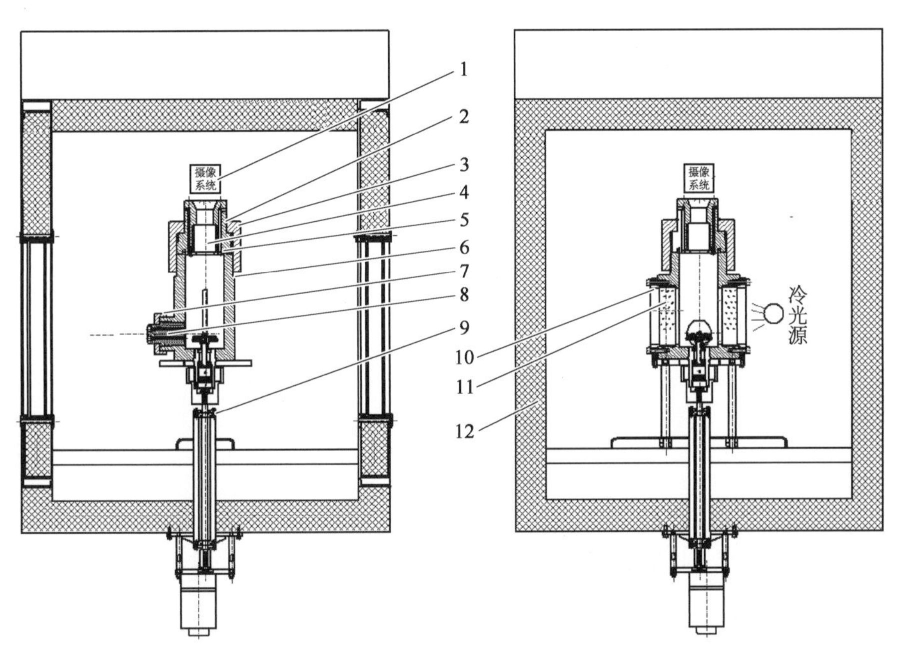

1—上部冷光源；2—上部封头；3—上部压帽；4—上部视窗；5—上部密封圈；6—反应釜筒体；7—取样压帽；8—取样封头；9—搅拌系统；10—视窗压环；11—条形视窗；12—高低温恒温箱

图5-13　反应釜结构示意图

5.4　深水环境对水泥浆的影响

深水固井比陆地固井和常规海洋固井要困难和复杂，在深水温度、水合物、浅水流、破裂压力以及地层性质等许多变量参数变化的情况下，选择水泥浆体系，应尽可能把问题设想得更加复杂一些，结合室内的大量模拟实验，以确定水泥浆的参数变化和体系配方。通过体系的性能分析可以发现，不同的水泥浆体系适用于不同的深水环境作业。

快凝石膏水泥体系对温度敏感性较差，在密度较高、温度较高的情况下其抗压强度发展基本满足深水固井要求，但不适合温度较低的情况；高铝酸盐水泥浆体系在抗压强度和水泥浆凝胶强度发展方面对深水固井有利，但对温度较为敏感，对环境及其他侵污敏感，水化放热过高过快。硅酸铝水泥适用于深海或寒冷环境中的井眼和易于发生流体侵入情况的井眼固井。充气泡沫水泥浆体系凝胶强度发展快，密度较低，对浅水流控制效果较好，但是体系配制复杂且配制成本高，密度波动随设备的参数调整也较大。PSD、OPSD水泥体系对温度的敏感性适中，抗压强度发展较快，是深水固井可供选择的水泥浆体系。针对深水固井难点，结合国外深水固井的成功经验，在考虑深水井场调查结果的基础上选择适合的水泥浆体系，同时，在选择深水固井水泥浆体系时，应该综合考虑井井况和需求，水泥浆体系的性能、方便性及施工费用等多种因素，在水泥浆体系满足需求的前提下，尽可能使体系简单易行，可调节性强，成本低廉，稠化时间安全和抗压强度较快较高，从而保证深水固井质量。

海洋深水环境给钻井作业带来了很大的挑战，使固井面临更多难题。通常情况下，深水固井会遇到以下问题：

① 海水温度降低，中国南海 1 500 m 水深的海床温度可到 3℃左右，有些海域低于 0℃，这种低温环境会使固井时水泥浆流动性变差，低温水化缓慢，强度低。

② 深水表层地层一般疏松不稳定，破裂压力低、孔隙压力高，使得压力窗口窄，易发生漏失。

③ 深水表层中有可能存在浅层水或浅层气，它们会对钻井造成很大的危害。

④ 在高压低温条件下，地层中的气体侵入钻井流体后，易形成气体水合物，阻塞循环通道。

因此，需要思考如何让水泥浆在不同低温下都能变现出稳定的性能。深水结构管固井水泥浆体系须着重考查的正是水泥浆在不同温度下所变现出来的性能。因关系到现场施工的安全性，对于温度与水泥浆性能变化规律性的把握尤显重要。

5.5 深水固井水泥浆体系

随着深水作业在全球各地陆续大规模地展开，深水固井的设备与技术得到了较快的发展。深水固井注水泥设备与常规设备比较差异不是太大，但是在采用充氮泡沫施工的情况下，其设备较为庞大。就整个固井设备来说，目前正逐渐区域方便化、高效化、智能化。实现准确的注水泥参数设置和实时控制、监测与分析处理，是固井设备考虑的重点。在密西西比河峡谷深水区域注泡沫水泥固井作业时，采用了橇装注水泥装置、液体外加剂添加系统、连续监测系统和氮气系统，并通过可移动控制中心系统将这几部分组合成一个有机整体，实现注水泥作业的实时监测与远程控制。注水泥参数的准确监测是实现 ECD 实时控制的关键，ECD 的实时控制对于窄密度“窗口”注水泥作业极其重要。深水固井材料液体化技术的发展使配套的注水泥设备和工艺技术研究成为必然。

在深水固井工艺方面，防窜固井一直是深水考虑的重点之一。在墨西哥湾地区，已采用水泥脉冲技术来阻止水泥浆在候凝过程中浅水流灾害的发生，在泰国湾地区，使用管外封隔器技术来克服浅层气窜的影响。这些防窜措施虽然效果较好，但施工复杂。

为方便现场作业，降低混合和配制工作量，改善水泥浆配制后的性能，适当减少平台装置上的固井设备，开发固井材料的液体化技术也是海洋固井的研究内容和考虑的因素。

针对海洋深水固井的特殊要求，需要进一步改进海洋固井工艺流程、散装泥浆及固井成罐系统等，并且开发深水作业使用相应的隔水管及防喷器组件。

深水钻井中的另一项固井技术发展是随钻固井技术的应用。该工艺的实施可以节省钻井作业时间，方便套管到达预定深度，减少水窜、漏失等带来的损失。深水固井采用钻杆注水泥，应用平衡压力固井，改善顶替效率，提高套管居中度、设计优化流变参数等都进一步地提高和改善了深水固井作业的固井质量和施工安全。

5.5.1　适用于深水钻井的固井水泥浆体系

深水低温固井作业对水泥浆提出了更高的要求，不仅需要更优秀的常规性能，而且要满足深水低温固井所需的特殊性能，以有效解决深水低温固井遇到的复杂问题。深水低温表层固井对水泥浆提出了以下要求：

① 水泥浆要有良好的低温水化性能，满足低温强度的要求。

② 严格控制水泥浆密度，破裂压力低的地层要用低密度水泥浆。

③ 优良的控制失水能力，API 失水量＜50 ml。

④ 水泥浆稳定，无自由液，无沉降。

⑤ 候凝时间短，低温下能快速凝固。

⑥ 水化过渡期短，降低流体侵入机会。

⑦ 水泥石收缩率和渗透率低、韧性好。

值得注意的是，在深水低温固井中，高抗压强度不是必需的。在满足支撑套管需求的情况下（比如 1 000 psi），最重要的是液态向固态的转化期要短、水泥石的渗透率要低、韧性要强。这些性能对于建井过程和油井的长久整体性至关重要。

传统深水低温水泥浆采用超细 G 级、高铝和 A 级水泥等作为基础配浆材料，并结合充氮泡沫或高强漂珠达到低密度配浆；但在浅水流和低温并存情况下，这些水泥材料难以满足深水固井的要求；同时，水泥浆的低温稠化、低温稠化转化、早期强度、低温稳定性以及强度发展亦难以满足深水作业苛刻的要求。

目前,用于现场的深水固井水泥浆体系可以较为轻松地以常规固井水泥和水泥外加剂为基础,通过加入低温早强剂和胶凝强度促进剂获得。常规固井水泥在低温下水化和硬化能力很弱,常规水泥外加剂本身对水泥的缓凝副作用使得固井水泥浆体系存在早期强度低、强度发展缓慢、防窜能力弱等严重不足,因此研究具有优异低温水化和硬化能力的固井水泥材料、无缓凝副作用的水泥外加剂和低温防窜剂是低温深水固井水泥浆体系研究的重点。深水固井水泥浆体系分为低密度填料水泥浆体系、低温快凝水泥浆体系、泡沫水泥浆体系、最优粒径分布(optimised particle size distribution, OPSD)水泥浆体系、超低密度水泥浆体系。随着水深的增加,温度越来越低,浅水流风险越来越大,泡沫水泥浆体系和 OPSD 水泥浆体系也成为深水固井的重要选择。

5.5.1.1 泡沫水泥

充氮泡沫水泥浆体系是由水泥、含有泡沫分散剂和泡沫稳定剂等外加剂及氮气共同形成的三相可压缩流体,具有良好的防窜能力和顶替效率。泡沫水泥石塑性比常规水泥石好,能有效防止水泥石破裂,保证水泥环的整体性。从 1994 年在墨西哥海湾地区第一次采用泡沫水泥浆解决浅层水流动问题以来,其已在墨西哥湾、尼罗河三角洲和安哥拉等地区成功大量作业。成功的现场应用促进了泡沫水泥浆的发展,目前,除采用充氮方法制备的泡沫水泥浆体系外,具有泡沫低密度特征的水泥浆体系得到了较多的研究和应用。

泡沫水泥是在传统水泥浆中按比例充入一定量的氮气或空气,形成带有稳定泡沫的低密度水泥浆。用性能优良的基浆配制泡沫水泥浆,保证了水泥浆良好的凝结性能和水泥石机械性能。泡沫水泥浆用于深水固井中有许多优点:

① 具有可压缩性,可压缩性补偿了因漏失和水泥水化引起的体积变化,减弱了注水泥后、候凝过程中,由于胶凝强度的发展引起的液柱压力的损失。

② 泡沫有很强的黏滞性,有抵抗地层流体侵入的能力。这些特点有利于防气窜和抑制浅层水流。

③ 泡沫水泥比常规水泥有较强的韧性,可减缓将来采油时热应力的影响,保持水泥黏接力和水泥环完整性,延长油井的使用寿命。泡沫水泥的不足之处就是对施工要求很高,不仅要有常规的注水泥装备,而且要有供氮设备。施工中需要精确控制以保证气体和基浆混合均匀。目前,已经研制出自动泡沫混浆系统,在没有人工介入的情况下实现自动计量和自动控制。

5.5.1.2 微珠水泥

微珠水泥是在水泥中混入空心微珠配制而成。空心微珠由二氧化硅或飞灰壳构成,常压下内含 N_2 或 CO_2,可使水泥浆密度降到 1.14 g/cm^3。这种低密度材料与水泥干混后所占体积较大,在运输过程中易分离,空心微珠会浮在水泥上面,因此会导致混浆不均匀。有一种解决方法是把微珠加到混合水中。

5.5.1.3　颗粒级配水泥浆

颗粒级配(particle size distribution, PSD)水泥浆体系是指在水泥浆中添加的固相颗粒与胶凝材料水泥形成一定颗粒级配，提高堆积密度，即提高单位体积内固相的含量，使固液比最大化。由于其具有较少液含量，因此有利于缩短水泥浆的凝固时间，提高抗压强度，减少水泥浆渗透率，从而提高水泥浆的整体性能。这种水泥浆可以适用于海水含盐度较大的低破裂剃度深水固井，也适合于配制密度较低的水泥浆，其特点如下：

① 水泥浆适用温度低。

② 适用于低破裂剃度地层。

③ 该水泥浆与常规石膏水泥浆相比，具有更加灵活的可操作性。

④ 该水泥浆体系外加剂用量少，浓度低。

5.5.1.4　颗粒级配优化水泥浆

OPSD 水泥浆体系是在 PSD 水泥浆体系基础上研制的，是一种最优化颗粒级配水泥浆体系。该水泥浆以传统方式混合，性能优于常规泡沫水泥浆，可以防止浅水流，通过添加外加剂还可以防止气窜，有助于胶凝强度的发展。

OPSD 水泥浆将水泥与特定密度和最优化尺寸的惰性粒子干混，其生产中还加入一些韧性粒子，可以减少微环空的产生和生产层挤压造成的损失。该水泥浆含有 60% 的固相，具有良好的流变性能、较小的滤失量和渗透率、较高的抗压强度，可以与大多数水泥外加剂进行复配，OPSD 水泥浆体系是通过优化材料粒径分布实现颗粒紧密堆积的高性能水泥浆体系，强度发展快、强度高、渗透率和孔隙度低、施工简单。OPSD 低温低密度水泥浆体系由 Schlumberger 开发提供，即 Deep - CRET 水泥浆体系，于 1998 年首次应用于非洲刚果 1 300 m 深水井固井作业中，目前已在墨西哥海湾、特立尼达岛、委内瑞拉、黑海和西非等地区成功固井作业很多次，该体系特别适合于后勤供应困难、浅水流风险低的地区。2002 年 4 月，DeepCRET 水泥浆体系首次在亚洲的马来西亚东部南中国海 1 700 m 深水井固井作业中应用，目前采用该体系在该区域已成功地进行了 14 井次深水固井作业。该水泥在墨西哥湾绿色峡谷 608 区块 1 310.6 m 的深海开发井中应用也取得了良好的固井效果，该水泥浆与泡沫水泥相比，更加方便和经济。

这种水泥通过精心优选特定尺寸的低密度填充材料，对填充材料和水泥进行颗粒级配使混合灰的固相绝对体积达到最大，颗粒间的孔隙降到最低，实现颗粒紧密堆积。用颗粒级配技术配制的水泥浆含水量小，凝固后水泥石孔隙度小，渗透率低，强度高。再加上专用外加剂，加快了低温胶凝强度的发展，缩短了水化过渡期，很好地满足了防止浅水流危害的需求。

5.5.1.5　活性减轻剂填充水泥

一般普通的减轻剂是惰性材料，不参与水泥水化反应。但有一些减轻剂可以与水泥浆中的水和某些离子发生反应，生成胶结物质，如活性火山灰、C 型飞灰、偏高岭土等。活性减轻剂填充水泥就是利用这种活性材料配制而成，在低温下其水化速度较快，机械性能明显提高。

5.5.1.6 液态胶体填充水泥

与普通化学反应类似，反应物质充分接触能大大提高反应效率和反应速率。胶体是一种特殊的分散系，分散质颗粒很小，尺寸在 2～1 000 mμm 间，比表面积从几平方米每克到几百平方米每克。因此，使用胶体是实现反应介质充分接触的理想方法。

氧化硅或氧化铝本身就能参与水泥的水化反应，用比表面积比水泥颗粒大三个数量级的胶体氧化硅或胶体氧化铝作为水泥填充材料，会产生更强的反应活性。即使在低温下，这些胶体也能与氢氧化钙反应胶结加速水泥凝固，从而缩短过渡时间、降低凝固水泥的渗透率。这种水泥浆性能优良、体系稳定、有一定的弹性，且设计密度范围宽、不需要进行干混。

5.5.1.7 高铝水泥浆体系

高铝水泥浆是一种由高铝酸盐水泥配制得到的水泥浆，可以采用高铝酸盐水泥配制得到常规密度和低密度的水泥浆。高铝酸盐具有良好的抗高温性能和良好的低温水泥水化性能。由于其抗温性能，高铝水泥可用于蒸汽吞吐井的固井使用。高铝水泥在短时间内水化放出大量的热量，因此，原则上来说它并不适用于深水井的固井。但通过井场调查结果显示，地层没有天然气水合物，这高铝酸盐水泥浆可以通过配方调整得到一种在具有浅水流灾害情况下使用的深水水泥浆体系。高铝水泥浆体系具有无可比拟的早期强度和强度发展。高铝水泥 1 d 后的强度达到最终强度的 80%，而波特兰水泥则需要几天甚至更长的时间。但是高铝水泥应用相对较少，一方面高铝水泥浆对于污染比较敏感，另一方面高铝水泥浆中水泥的价格比常规水泥要高 7～8 倍，因此，成本较高，也限制了其使用。

5.5.1.8 硅酸铝水泥浆体系

硅酸铝水泥适用于深海或寒冷环境中的井眼和易于发生流体侵入情况的井眼。这种水泥由活性硅酸铝和水硬水泥组成，可以与一种或几种外加剂复配。其中硅酸铝可以是高岭土、埃洛石、地开石或珍珠陶土等，高活性的高岭土具有更好的效果。该水泥与传统的石膏水泥相比，具有过渡时间短、胶凝强度发展快、抗压强度高等特点。

5.5.1.9 快硬水泥

快凝石膏水泥浆是一种可以在低温下实现快速凝固的水泥浆体系，其实际上是一种油井水泥和半水石膏的混合物。加入半水石膏的目的就是促进水泥早期强度的发展，这在水泥浆密度较高、井底温度较高的情况下比较容易实现。

反应物质的比表面积增大，能增加反应物间的接触程度，加快反应速度，在低温下这种效应更加明显。利用比表面积大、细度高的快硬水泥设计低温低密度水泥浆就是基于这一原理。快硬水泥浆凝固快、过渡期短、早期强度高，适合于深水低温固井。实践证明，经过磨细的油井水泥和土木建筑行业的低温快硬水泥很适合这样的应用。

5.5.2 深水特殊环境固井水泥浆体系

5.5.2.1 防浅水流水泥浆体系

1）浅水流的危害及在固井中发生的原因分析

浅水流的产生与深水海底附近地层高压盐水和高压气体的存在密切相关，要抑制浅水流的危害，除了要对井场情况有充分了解并采取针对性的预防措施外，现场水泥浆的密度及在整个候凝期间的压力传递性能是关键。无论是浅水流的高压还是浅层水可能产生的涌动，都与水泥浆的压力传递性能有关。与油气水的窜流一样，浅水流的抑制首先需要低密度水泥浆液柱将高压流体封闭在地层中；其次，在水泥浆的候凝期间，要保证水泥浆液柱压力的传递一直持续进行，直到水泥浆完全凝固。水泥浆凝固为坚硬的水泥以前，有两个过程可能导致水泥浆丧失传递液柱压力的能力：一个是水泥浆向地层的滤失，另一个是水泥浆静凝胶强度的发展。凝胶强度的发展最终导致水泥浆的凝固，而这个过程也伴随着水泥浆的失重，只有在水泥浆的失重足够小而水泥浆凝胶强度达到足够抑制地层高压流体的进入时，浅水流的危害才能得到解除。因此要求水泥浆体系具有更好的直角凝固特征，即一旦凝胶强度开始发展即迅速达到抑制浅水流的水平。

浅层高压气水层，一般处于深水泥线下 250～1 200 m。海洋深水具有不同的沉积环境，在深水区域，由于快速沉积所圈闭的疏松砂岩孔隙中的海水或者盐水，在深的海水所产生的液柱压力作用之下，将以高压地层和高压透镜体类的形式存在，这种海底特殊的地质条件使得许多深水地层中都潜伏着大量的高压浅层盐水，压实作用将浅层水气圈闭在这种结构中，上部过重的承压使这种浊流砂层变成一个过压载体，当钻井作业打开这高压砂层时，就相当于为这个高压力的包含盐水的砂层提供了一个释放的通道，如果钻井作业没有预先采取措施，则将产生严重的浅水流喷发事故。而在固井作业中，水泥浆的密度在液态时可以有效地压住高压流体，但是，水泥浆在稠化过程中，可能由于稠化转化时间过长，导致水泥浆失重而产生严重的浅水流喷发，进而危及平台及作业人员的安全。

浅层水流的成因包括四个方面：a. 人为引起的地层破裂；b. 人为引起的地层能量积累；c. 异常压力砂体；d. 通过固井窜槽传递的异常压力。

在固井过程中，这种高压浅水流同样需要 1.08～1.32 g/cm^3 流体密度进行平衡，使固井过程顺利进行。固井过程所维持的水泥浆比重大小与浅水流压力大小成比例，另外固井水泥浆应该具有良好的低温强度发展以及良好的防浅水流气窜的能力。采用水泥浆封固深水地层的突出问题是水泥浆的水化凝固和对高压浅水流的抑制，水泥浆在所封固井眼穿过高压流体层时，在井筒中可能产生流体运移或漏失。流体在水泥浆中的运移，是在井眼环空水泥浆中发生了较为复杂的物理化学过程。流体窜可能在地层、水泥浆界面产生，也可能在水泥浆、套管界面和水泥石微缝隙中产生，大多数的流体窜会在水泥浆替换到地层环空的几小时内发生。这种窜漏可能由于下面一系列因素导致：

① 不良的钻井液顶替。

② 在套管周围存在不完整的水泥鞋。

③ 在套管水泥界面由于收缩(contraction)产生的微孔道。

④ 水泥浆本体在水化固化过程中产生的水泥收缩。

⑤ 钻井液滤饼的去水化。

⑥ 在水泥浆固化过程中游离液的存在。

⑦ 由于气体在水泥浆中运移并伴随着水泥浆的固化而留下通道。

海洋深水由于低温环境的存在，使得水泥浆的稠化凝固等性能变得更加复杂，固井质量及流体窜的控制变得更为困难。在深水情况下，水泥浆的低温性能和防止窜流产生的能力是水泥浆体系主要的性能要求。水泥浆是一种反应性的悬浮液或者说水泥颗粒在水中的分散体，水泥颗粒的水化导致液体水泥浆向固体的转化，水泥浆的固化提供了对环空的水泥密封和对套管及地层的支撑。水泥的水化随时间不断进行，并由于在初始稠化阶段的大量放热或明显的凝胶强度发展来完成并得到加强。水泥水化贯穿整个水泥浆固化过程，水泥与水一接触，水化过程就立即开始，水泥颗粒经过初期快速水化并放热，颗粒表面吸附一层初始水化产物，游离水向水泥颗粒未水化部分进一步接近渗透变得困难，整个反应速度开始下降，反应速度下降标志着静止期(dormant)或诱导期(induction)的开始，这个过程基本上没有其他的水化反应发生，在固井作业中，就是在这个时期将水泥浆顶替进入环空，水泥浆的凝胶化作用在这个时期得到发展，水泥颗粒和添加剂之间的静电或化学作用也不断产生和对水泥浆体系产生进一步的影响。

水泥浆的水化固化过程常常伴随着明显的体积收缩，体积收缩是由于水泥水化产生的新物质的体积小于未水化水泥颗粒的体积而产生的。收缩对固化水泥的机械特性有明显影响，并可能产生流体窜。水泥浆固化收缩有两种形式，体积或外观收缩以及内部收缩：外观收缩是水泥外观整体体积的降低，例如尺寸降低；内部收缩是在水泥水化过程中，在水泥母体或基质(cement matrix)中水泥黏结的体积降低，外观收缩可能大到7%。水泥收缩是固体沉降、水泥浆滤失、水泥水化以及内部收缩的结果。内部收缩和体积收缩都在水泥稠化和早期凝固过程发生，内部收缩在稠化期开始，体积收缩在静止(dormant)期产生，在稠化期间收缩速率上升，有些收缩可能在水泥丧失传递液柱压力的能力后产生，这使得固化期间在环空中产生了极大的压力损失。水泥浆内部收缩产生的孔隙具有自由孔隙特征，相互连通并增加水泥的渗透性。在海洋钻井作业中，研究这些问题很有意义，海洋钻井常常要在海床上安装海底设备，如果固井措施选择处理不当，就将使问题变得更加复杂和严重，有可能由于发生流体窜而产生严重的安全事故。在海洋钻井作业中，有时可能要临时堵塞一个贯穿高压层带的井眼，例如，钻井过程中遭遇台风时，需要对井眼进行临时堵塞，这时在水泥塞中就不能产生流体通道以保证整个钻井作业的安全。

流体窜和流体压力的出现有几种途径，流体窜压力变化可能从 0 到 10 000 psi 甚至更高，地层越深可能产生的压力就越大，在海洋深水井中一般在 5 000～9 000 psi。流体压力差异变化与某一特定地层水泥浆柱的压力和地层压力的差值相关。在凝胶化或固化以前，地层压力通过水泥浆压力得到平衡，随着水泥压力的下降，或凝胶化或固化的开始，液柱压力难以传递，地层压力足以克服水泥浆的液柱压力而使地层流体向井眼运移，即使仅有 0.1 psi 的压差，在地层中都有可能引起流体窜。但是泥浆和水泥浆滤饼的存在，使产生流体窜的压力经常高达 10～50 psi，甚至 100～500 psi。由流体显示的这种压力也可以在水泥固化以后出现，或在套管周围环空流体压力的增加过程中产生。如果在水泥浆中有一个流体运移的通道或者在套管和井壁界面存在流体通道，水泥体易于被流体穿透，就更容易使流体向上运移而显示压力，这个流体压力可能从小到 50 psi，一直大到 1 000～5 000 psi 甚至更高，从而破坏套管并导致危险和产生意外事故。

水泥浆凝固为坚硬的水泥以前，有两个过程可能导致水泥浆丧失传递液柱压力的能力：一个是水泥浆向地层的滤失，另一个是水泥浆静凝胶强度的发展。水泥浆失水将降低水泥浆传递水力压力的能力。当水泥浆注入井下并开始静止后，静凝胶强度开始发展(或单一凝胶强度)。这种凝胶强度并不是真正意义上的强度，不具备承托管柱的能力，随着水泥浆逐步变成具有一定强度的水泥石，水泥浆的凝固过程经历与气体或流体运移紧密相关的过程。在该过程的第一个阶段，水泥浆中包含有大量的液体，使水泥浆具有一个真实液体的特征，因此在第一个阶段，水泥浆可以有效地传递液柱压力并防止流体运移或者说防止地层流体向井筒的运移。在这个阶段，水泥浆中的部分液体滤失，而水泥浆由于凝胶结构的形成开始变得越来越稠甚至坚硬，在滤失和凝胶结构形成的同步进行的过程中，凝固中的水泥浆保持了传递液柱压力的能力，只要水泥浆具有真实液体的特征，其凝胶强度的结构小于或等于某一个临界值，流体运移就可以得到有效制止，这个保持传递液柱压力的凝胶强度临界值即为第一临界值。

在水泥浆固化的第二阶段，水泥浆的凝胶强度超过了第一临界值，其强度将不断增长，水泥浆的滤失虽然比第一阶段要小得多，但是也在继续进行，在此期间，水泥浆的凝固完全失去了传递液柱压力的能力，凝胶强度的发展使得水泥浆凝胶强度太大以致不能完全传递液柱压力，可是这种凝胶强度又太小以致不能阻止地层高压流体向井筒和水泥浆的运移，而出现流体运移。这种状态一直持续到凝胶强度增长到某一个定值，也就是第二临界值，这个足够高的临界值可以防止地层流体或地层高压气体向水泥浆的传递或运移。

如图 5－14 所示，在水泥浆固化的第三个阶段，由于凝胶强度等于或大于第二临界值，流体运移被制止，水泥浆继续固化直到获得一个足够的强度，以保证后续的油井作业施工。按照上述观点，为了降低流体运移，希望第一个阶段应该延续一个较长的周期，而第二个阶段应该在最短的时间完成，水泥浆获得第一临界值所要的时间为“零凝胶期(zero gel time)”，水泥浆获得第二临界值的时间为“转化期(transition time)”，在海洋深水固井过程中，为了有效地防止浅水流对钻井作业的影响，需要一种固井水泥浆体系和固井施工方法以有效延长零凝胶期，使其有足够的时间维持滤失的定值，缩短转化期，从而提高固井作业的安全性。

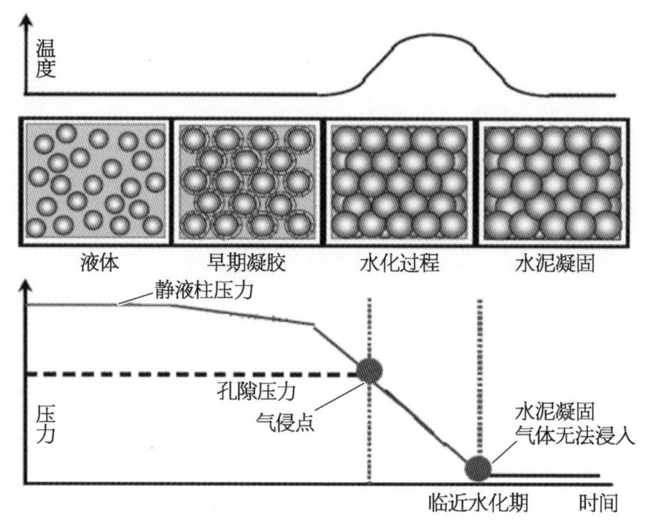

图 5-14 水泥浆固化过程中气侵示意图

2) 防窜水泥浆体系

水泥浆在环空顶替到位后，环空气窜多发生在静胶凝强度为 48～240 Pa 的区间内，其主要原因是静胶凝强度小于 48 Pa 时，水泥浆能够传递液柱压力，在过平衡压力条件下，气窜不会发生，而当静胶凝强度大于 240 Pa 时，水泥浆传递液柱压力的能力大大减小，但其强度已能抵御气体的入侵。可见，静胶凝强度由 48 Pa 发展到 240 Pa 时间越短，气窜的机会就会越少。针对气窜机理的研究，国内外开发了多种水泥浆添加剂和水泥浆体系。

(1) 锁水抗窜水泥浆体系

由速凝剂、膨胀剂、抗渗透剂、减阻剂、消泡剂等外加剂复配而成，主要含有水溶性的有机醇胺化合物，能生成络合物，在水泥浆颗粒上形成许多可溶性的区间，使水泥熟料中的 C_3A 和 C_4AF 水化速度加快，水泥浆胶凝强度发展迅速。还含有钙、铝等化合物，在水泥中发生反应生成柱状的和针状的硫铝酸钙。其固相体积比反应前增加 1.22～1.75 倍，而且这种柱状的和针状的晶体首先向阻力小的孔隙中生长，形成致密的水泥石结构，当空隙充满后，便挤压井壁和套管壁，提高水泥界面的胶结质量。

(2) 直角稠化水泥浆体系

由速凝剂、膨胀剂、减阻剂等添加剂组成。水化由水泥的颗粒表面向深部发展，胶态粒子大量增加，晶体开始互相连接，逐渐絮凝成凝胶结构，水泥将失去流动性。也就是其静胶凝强度为48～240 Pa时，属于由液态向固态转化期，水泥浆逐步失去传递液柱压力的能力，此时最易发生气窜。而直角稠化水泥浆体系中的促凝剂能加速$Ca(OH)_2$和C—S—H凝胶的生成速度，其加速机理为：OH^-从外界较快扩散进入富含钙离子的溶液中，在其内部相互作用下，加速了$Ca(OH)_2$的沉降和$CaSiO_3$的分解，同时又使$Ca(OH)_2$的沉降物和$CaSiO_3$的分解物之间发生交联，就生成能抑制水泥浆中流出或流入的胶结层，这个胶结层的胶凝强度足以阻挡住最初企图侵入水泥环的地层水，致使后面的地层水随着胶凝强度的迅速增加而更难侵入环空。

(3) 触变水泥浆体系

主要由硅酸钠、氯化钠和氢氧化钠组成的低密度水泥浆，用CMC加氢氧化锆也可组成触变水泥浆体系。触变水泥浆体系在静止时能够很快形成较高的胶凝强度，阻止环空气窜的发生，而搅动时又能变稀，恢复其流动性，即所谓的剪切稀释特性。其作用机理为：水泥浆顶替到位后，能够迅速形成大于240 Pa的静胶凝强度，有效缩短水泥浆由液态转化为固态的过渡时间，减少发生环空气窜的概率。但施工危险性大，中间一旦停泵会造成憋泵事故。

(4) 非渗透水泥浆体系

该体系是20世纪80年代以来发展起来的，且已得到了较快的发展。其作用机理为：通过添加高分子聚合物或微细材料，利用化学交联剂的交联反应或利用微细材料充填作用形成不渗透膜，增加气体在水泥浆中的侵入和运移阻力。非渗透水泥大致可分两类：一是加入弹性乳液聚合物、阳离子表面活性剂等；二是加入微细材料，常用的有微硅、炭黑等。

(5) 消除微环隙、微裂缝水泥浆体系

Talabanis等提出了消除微环隙、微裂缝的措施，内容是在固井水泥浆中添加海绵铁及合成橡胶粉。前者在高温下具有较高的磁性，可消除水泥环与套管间的微环隙并形成良好的胶结；后者充填水泥体内的微裂缝，降低其渗透率；且可产生较大的膨胀作用，补偿水泥的体积收缩，密实泥饼。甚至将泥饼挤压入地层，使水泥浆与地层形成很好的胶结，改善过渡状态后期的环空封固状态。另外该体系水泥浆的早强性能缩短了过渡状态的时间。此外，目前还有充气水泥浆体系、延迟胶凝水泥浆体系、泡沫水泥浆体系、泥浆转化水泥浆体系、短候凝水泥浆体系等防气窜水泥浆体系。

研究者构建了一套防浅水流水泥浆体系，得到1.30～1.90 g/cm^3的水泥浆配方：

1.90 g/cm^3水泥浆配方：100%APC水泥+40%海水+0.2%CX66L消泡剂+4%CG88L降失水剂+1.2%ACC-5促凝剂+0.8%H21L缓凝剂。

1.60 g/cm^3水泥浆配方：100%APC水泥+55%海水+0.2%CX66L消泡剂+4%CG88L降失水剂+1.2%ACC-5促凝剂+0.6%H21L缓凝剂+10%T60漂珠。

1.40 g/cm^3水泥浆配方：100%APC水泥+65%海水+0.2%CX66L消泡剂+4%CG88L降失水剂+1.5%ACC-5促凝剂+0.5%H21L缓凝剂+20%T60漂珠。

1.30 g/cm^3 水泥浆配方：100%APC 水泥+75%海水+0.2%CX66L 消泡剂+4% CG88L 降失水剂+1.5%ACC-5 促凝剂+0.3%H21L 缓凝剂+28%T60 漂珠。

该水泥浆体系稠化时间可调，水泥浆密度和失水可控，低温强度发展迅速，早期强度高(10℃/24 h 强度可以达到 5 MPa)并具有较短的稠化转化时间。运用水泥浆防窜系数法进行计算，得到水泥浆的 SPN 值在 0.8～2.6 之间，充分说明水泥浆具有较好的防窜性能，在抵抗深水浅水流方面应具有较好的效果。

5.5.2.2 深水天然水合物层固井低热水泥浆体系

海底低温环境尤其是深水，由于地层较为疏松夹缝中常伴随有天然气水合物，其对环境温度变化较为敏感、易分解，分解过程中可以产生 170 多倍的体积变化，极易导致井眼扩大、水气窜流，严重影响着水泥环与井壁间的胶结质量。针对深水天然气水合物地层固井，如何在不影响水泥浆低温性能前提下，降低水泥浆水化放热量是深水天然气水合物固井技术的关键。由于天然气水合物的组成可能在一个相对高的温度下产生分解，因此，深水低温天然气水合物地层的固井，需要水泥组分在水化过程中不发热，尽量降低水合物地层温度上升的程度，以此调节至地层低温和降低水化热。天然气水合物的特殊性决定了水化热超过天然气水合物分解温度时，天然气水合物和天然气的流道会释放气体而产生喷发事故。水合物分解可能导致地层变弱，井眼扩大、固井失败以及井眼清洁方面的问题；在生产过程中，水合物的分解可能会引起井口支撑减弱而下陷。

针对存在天然气水合物地层的固井作业，应该采用低水化放热水泥浆体系。要求水泥浆应具有低水化热、良好的防气窜性以及较快的低温强度发展情况。选择以低水化热的 G 级水泥为主料，添加增强剂来增加早期强度并加快强度发展，同时加入吸热材料控制水化热的研究方式，建立了一套能够满足深水水合物地层固井要求的水泥浆体系，配方如下：

1.50 g/cm^3 水泥浆配方：100%G 级水泥+60%海水+1.6%ACC-5+13%T60 漂珠+10%STR 增强剂+12%C16 相变储能材料+3%CF415L 分散剂+3%CG88L 降失水剂。

1.40 g/cm^3 水泥浆配方：100%G 级水泥+68%海水+1.6%ACC-5+20%T60 漂珠+10%STR 增强剂+12%C16 相变储能材料+3%CF415L 分散剂+3%CG88L 降失水剂。

1.60 g/cm^3 水泥浆配方：100%G 级水泥+55%海水+1.3%ACC-5+7%T60 漂珠+10%STR 增强剂+11%C16 相变储能材料+3%CF415L 分散剂+3%CG88L 降失水剂。

1.70 g/cm^3 水泥浆配方：100%G 级水泥+50%海水+1.2%ACC-5+5%T60 漂珠+10%STR 增强剂+11%C16 相变储能材料+3%CF415L 分散剂+3%CG88L 降失水剂。

1.30 g/cm^3 水泥浆配方：100%G 级水泥+82%海水+1.6%ACC-5+28%T60

漂珠＋10％STR 增强剂＋14％C16 相变储能材料＋3％CF415L 分散剂＋3％CG88L 降失水剂。

低热水泥浆体系的密度可以在 1.30～1.70 g/cm³ 范围内任意调节；在加入吸热储能相变材料 C16 后，水泥浆浆体水化放热引起的温度升高能够有效降低，当 C16 加量为 16％时，水泥浆的浆体放热温升能够有效控制在 5℃以内；低热水泥浆体系在低温环境下具有低水化热、高早强、低滤失以及良好稠化和防窜性能，能够很好地满足海洋深水天然气水合物层固井作业需求。因此，低热水泥浆体系构建应遵循如下原则。

1）低热水泥浆水化放热量控制

开发一种吸热储能相变材料，在水泥浆水化放热过程中，能够有限吸收水化释放热量，使封固水泥环保持在较低的温度波动，是构建深水固井低热水泥浆体系的关键。

吸热储能相变材料的主要作用是吸收水泥浆水化所释放的热量，在吸收了这些热量的情况下吸热储能相变材料本身的温度不能产生变化，这些要求与相变材料的功能是一致的，所以吸热储能相变材料的主要组分应由相变材料来承担。相变材料具有在一定温度范围内改变其物理状态的能力。以固-液相变为例，在加热到熔化温度时，就产生从固态到液态的相变，熔化过程中相变材料吸收并储存大量潜热。当相变材料冷却时，储存的热量在一定的温度范围内要散发到环境中去，进行从液态到固态的逆相变。在这两种相变过程中，所储存或释放的能量称为相变潜热。物理状态发生变化时，材料自身的温度在相变完成前几乎维持不变，形成一个宽的温度平台，虽然温度不变，但吸收或释放的潜热却相当大。

如图 5－15 所示，针对 500～1 500 m 深水环境，天然气水合物稳定存在的温度范围

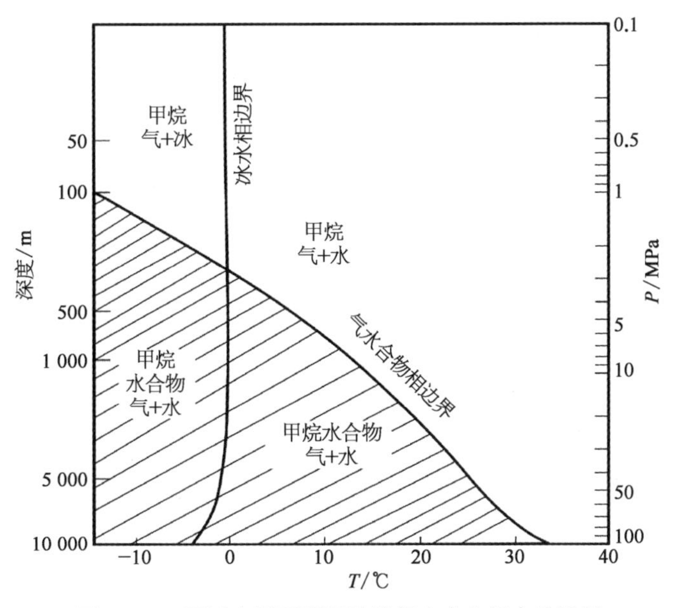

图 5－15　不同水深环境下天然气水合物相态边界图

是 7～20℃，所以选择相变材料相变温度应该控制在 5～35℃，由于单一相变材料效果有限，所以选用复合相变材料来构建吸热储能相变材料。复合相变储热材料的应运而生，它既能有效克服单一的无机物或有机物相变储热材料存在的缺点，又可以改善相变材料的应用效果以及拓展其应用范围。

2）低热水泥浆密度控制

水泥浆密度是一个重要参数，主要由水泥、水、外加剂和外掺料进行比例控制。为了满足施工安全，提高水泥浆的固结质量，通常需要考虑如下三方面因素：

（1）满足井下压力条件限制

静液柱压力必须大于地层孔隙压力，静液柱压力与流动阻力之和必须小于地层破裂压力。

（2）满足顶替效率的密度差要求

领浆＞前置液＞钻井液。可能的条件下，考虑密度差后者比前者大 10％以上，通常 0.12～0.24 g/cm^3，但密度越大，流动阻力也越大。一般情况下，尾浆密度＞领浆密度。但在长封固作业中，为了提高泥浆顶替效率，减少温差大带来顶部水泥浆强度发展太慢的目的，也常采用领浆密度＞尾浆密度的双凝水泥浆设计。

（3）满足水泥石强度和胶结要求

对于尾浆，特别是封隔油气层段的水泥浆，应尽量使用标准密度。非胶凝材料加重剂和减轻剂应尽量少加。对于导浆，特别是不用封隔油气层段的水泥浆，可采用搬土充填浆，降低液柱压力，加快现场施工的混注速度，降低材料成本。

3）低热水泥浆沉降稳定性控制

实践已证明，水泥浆的配方设计不合理，容易造成水泥浆固相颗粒沉降，析出自由水，导致套管环空桥堵或油气水窜流通道，特别是水平井和大斜度井更容易在井眼上侧形成连通的自由水带和在下侧形成固相沉降垫层，从而引起窜槽。

（1）沉降稳定性的表示方法

水泥浆的稳定性一般可用游离水量（水泥石的体积收缩量）、旋转黏度计转速递增和递减次序所测的同一转速下读数的比值、水泥柱的纵向密度分布和表示。

实际应用中，只要存在上述情况之一，都认为水泥浆是不稳定的，即垂直水泥柱存在较大的密度梯度，水泥浆静止 2 h 游离出较大的自由水。这两种现象单独发生，也可以同时出现。

（2）提高沉降稳定性的方法

理论研究结果表明：保持水泥浆稳定的最小静切力 τ_s 与密度差（$\rho_0-\rho_s$）和粒径均方 d^2 成正比，与浆体塑性黏度 η_s 成反比。因此，提高水泥浆稳定性就是降低游离水量和沉降量，主要方法是增加浆体黏度和静切力，合理级配外掺料。

① 增加水泥浆黏度的方法。减少用水量（增加水泥或减轻剂）、增加固相物细度、加入增黏聚合物（一般受温度影响大）。

② 增加水泥浆静切力(胶凝强度)的方法。一般可加入 $AlCl_3$、$FeCl_3$ 和硫酸铝等。

③ 合理级配外掺料的方法。对于低密度水泥浆,颗粒太粗易使水泥浆产生沉淀,太细会增加水泥浆黏度。

深水低温低密度水泥浆的沉降稳定性可以通过适当地调节增强剂的粒径分布来实现。

4) 低热水泥浆流变性控制

流变参数是描述水泥浆在外力作用下产生流动的特点的参数。它的合理描述和准确测量,直接影响准确计算注水泥过程的流动摩阻压力和有利于提高顶替效率的合理泵速。常用流变模式参数有 PV、YP(宾汉),n、k(幂律),YP、n、k 等。

水泥浆的流变学性质,不仅受其本身水化过程的影响,还受温度、压力、剪切时间、水灰比、外掺料和外加剂等的影响,在水泥浆配方设计过程中要充分考虑如何控制水泥浆流变。

(1) 温度的影响

一般情况下,温度对水泥浆流变性能有显著的影响,其影响的程度往往与外加剂体系有关。温度越高,PV、YP 越低。

(2) 压力的影响

一般情况下,压力对流变性能的影响不如温度明显。

(3) 密度的影响

随着密度的增加,水泥浆的流变性能有较明显的影响。

5) 低热水泥浆稠化时间控制

在注水泥过程中,随着水泥颗粒的不断水化,水泥浆的黏度会逐渐增加,直至不能流动。为了保证固井作业的施工安全,一定要事先测定出水泥浆在与井内相同温度和压力下的稠化时间,以这个时间作为施工作业时间的依据。

影响施工安全的最主要因素是水泥浆的稠化时间,而对稠化时间影响最大的是温度。针对深水表层套管大环空、长封固段固井的特点,水泥浆的用量也很大,冷却地层的流体多,因此试验温度要选取最低值。

针对深水表层由于地层环境温度较低,水泥浆稠化时间一般较长,水泥浆稠化时间的实现一般可以通过以下方法实现:

(1) 加入缓凝剂

缓凝剂主要用来延长水泥浆的稠化时间。

(2) 增加或减少早强剂的加量

一般情况下早强剂的加入能够有效地缩短水泥浆的稠化时间。对于低温水泥浆既需要加入早强剂又需要加入缓凝剂,水泥浆稠化时间的实现需要统筹考虑。

6) 低热水泥浆抗压强度保证

固井注水泥的目的之一,就是在井壁与套管之间保持良好的封隔,在正常生产时间内的任何时候，都不允许地层流体或完井液通过水泥环在环空中流动。水泥石强度作用主要包括三方面的含义：承受地层压力、支撑套管和封隔地层。水泥浆的固结特性要保证水泥石与套管和地层之间的胶结质量，达到有效封隔地层，应考虑两个胶结特性：剪切胶结力和水力胶结力。

（1）剪切胶结力

剪切胶结力支撑套管的自重，胶结力一般通过测量水泥石与套管间开始产生移动时的作用力确定，用单位接触面积上所需作用力的大小表示。一般情况下，剪切胶结强度为抗压强度的10%～20%。值得注意的是，水泥环达到最大剪切胶结强度的时间与养护温度有关(如20℃为7 d，70℃为3 d)，且最大剪切胶结强度的大小与表面粗糙度和温度有关(粗糙度增加最大胶结强度增加，温度升高最大胶结强度一般要降低)。

（2）水力胶结力

水力是阻止流体在环空中窜移的能力，一般通过测定套管与水泥环之间开始渗漏的压力确定。对于有效封隔地层来说，水力胶结强度比剪切胶结强度的作用更大。

针对深水表层固井水泥浆，水泥浆的抗压强度，往往是指水泥浆早期即24 h养护的抗压强度。以上胶结力的基础主要体现在水泥石强度上；水泥浆能够在足够短的时间内形成一定的抗压强度是保证环空有效封固的关键。深水表层固井水泥浆强度的实现，还需要高效促凝剂和增强剂来支撑。

5.5.2.3　深水巨厚盐膏层固井水泥浆体系

在深水巨厚盐岩层存在的情况下，固井作业将遇到极大的挑战，盐岩的溶解及蠕变、盐岩段的井眼状态对水泥浆的壁面胶结、水泥浆性能和固井作业的泵送和顶替过程产生较大的影响，甚至使得固井作业失败或无法继续。引起盐膏层固井难题复杂情况的主要原因有以下几点：

① 固井过程中如何抑制盐岩层的塑性变形和蠕变流动问题。

② 如何克服盐膏层中所含石膏层和钙芒硝的溶解膨胀问题。

③ 钻穿盐膏层特别是复合盐膏层时，如何防止盐的溶解、造成井壁坍塌问题。

④ 大段盐岩下部存在有泥页岩，如何提高泥页岩水泥环的胶结质量。

⑤ 盐膏层覆盖下异常压力带的固井难题。

因此，必须解决如下盐膏层固井技术难点，并开展相应技术对策。

1）固井过程中的盐溶解

在水泥浆泵送过程中，硬石膏和氯化钠等盐的大量溶解对水泥浆稳定性能产生了极大的影响，使固井作业无法进行，因此需要配制对盐具有极强抗侵污性能的水泥浆。试验表明：常规水泥浆体系若被10%盐污染，稠化时间延长30%，黏度提高100%，失水上升500%。如果污染大于10%，水泥浆的稠化时间将缩短一半以上。盐水中的大量无机化合物离子对水泥浆稠化的影响，在大部分的浓度范围内都显示一个促凝的趋势，但是，一旦氯化钠的浓度继续增加到很大的时候，就将变成一种缓凝的趋势。因此，需要有满足消除地层盐膏不断溶解对水泥浆性能影响的需要，虽然盐水水泥浆是在盐膏层固井中普遍采用的水泥浆体系，但是，已有的PVA、聚合物和弹性乳液水泥浆不能简单地用来配制更加稳定的盐膏层用水泥浆，要解决盐水水泥浆以及水泥石的性能满足固井作业的要求，就需要对水泥浆体系及外加剂针对陆地油田的作用特点进行设计和调整。

2）窄压力窗口以及薄弱地层对固井的影响

通过大量的资料调研与分析，大部分盐膏层井都存在严重的漏失和缩径，对于高密度盐水水泥浆来说，这是一对矛盾，一方面需要高密度水泥浆来压稳盐层，另一方面又不希望高密度水泥浆压漏地层，所以水泥浆的密度可供操作的窗口会很窄。在这种情况下，控制泵送过程的漏失，保证水泥浆的有效返高，保证水泥浆对钻井液的有效顶替，将变得更加困难。由于钻井过程中钻井液的漏失，采用方便的快凝触变性水泥浆进行漏失封堵，将显得更加重要。

3）盐含量对水泥浆性能的影响分析

盐对水泥石强度的影响，其变化并不是线性发展的，在低浓度下，氯化钠的加入将改善水泥石的强度，但是，继续增加氯化钠的浓度，将会对水泥石的强度产生不利的影响，一般氯化钠的浓度大约在3%将对水泥浆的稠化产生促凝作用，而对水泥石的强度产生增强的效果；而高盐浓度下强度严重衰减，甚至可能无法满足固井强度要求；除此之外，高密度的盐水水泥浆，在温度大于110℃的情况下，不仅高含量盐的存在对强度影响，而且加重剂和硅粉的加入降低了胶凝物质的总的浓度，使改善强度的努力面临更多的困难；与此同时，含盐膏层的钻井作业一般存在不太规则的井眼，井眼扩大是常见的现象，并且，在固井过程中，饱和或者欠饱和盐水水泥浆在温度上升的情况下，其溶盐能力提高。当它们通过盐岩层井段时，水泥浆中的游离液因盐含浓度低而溶解盐岩层，使井眼进一步扩大，同时形成水泥与盐岩层间隙，使之产生不均匀的外挤载荷。盐岩层、水泥环胶结强度与水泥浆的含盐量存在正比关系；当含盐量大于12.5%时，水泥石有微膨胀作用，饱和盐水水泥浆形成水泥石具有较低的渗透率，可降低地层矿化水的化学腐蚀程度。盐的溶解使井眼规则性受到的破坏增加了水泥浆和冲洗隔离液顶替钻井液的难度。

4）盐膏层的塑性变形

盐膏地层是一种塑性地层，具有蠕变特性。由于它的高度延展性能，当被钻开后，几乎可以传递其上覆地层的全部重量。若钻井液液柱压力不足以抑制住这种塑性流动，就会引起塑性变形使井径缩小。岩石的弹性变形也会引起缩径，但弹性变形时间短，且变形量小，而盐膏层在深部高温高压作用下，其蠕变特性会导致井眼不断缩小。

盐膏层的蠕变有初级蠕变（过渡蠕变）、次级蠕变（稳定蠕变）和第三级蠕变（不稳定蠕变）三个阶段（图5-16）。盐膏层开始蠕变速率很高，呈现出碎裂性，为岩石的初级蠕变阶段。随后蠕变速率逐渐减少或基本稳定，呈现出半高脆性破裂，进入到次级蠕变阶段。随着压力的增大，岩石继续变形进入第三级蠕变阶段，带来应力松弛效应，岩石呈现延展性流动或使地层破裂。针对盐膏层的塑性流动和蠕变,压稳、高强度是水泥环有效封固地层的关键。

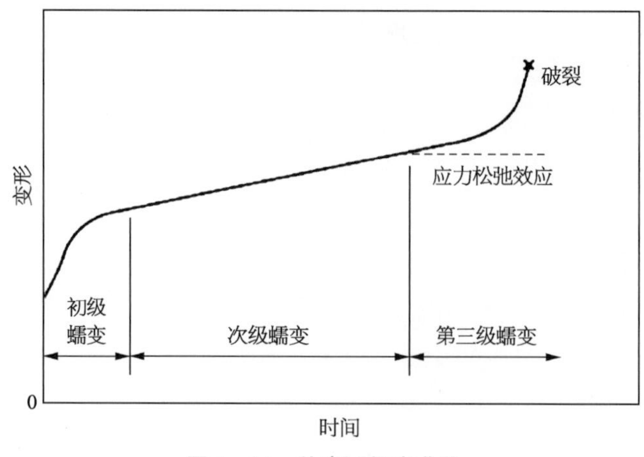

图 5 - 16　盐膏层蠕变曲线

5）盐膏层地层压力系统不平衡问题

由于受某种条件限制,不能下套管固井将盐膏层与上部和下部地层隔离开,加之盐膏层井段中存在多套压力系统地层,可能造成井喷、井漏和卡钻同时并存的复杂情况。合理设计井身结构,进行有效固井作业,是保证后续钻进持续进行的关键。

6）盐膏层固井漏失风险控制

要解决巨厚盐膏层固井问题,须采用过饱和盐水高密度水泥浆体系,而工程上采用的高密度水泥浆可能会压漏地层,水泥浆的漏失不仅造成钻井成本的增加,更可能造成固井作业失败。为有效防止固井过程中发生漏失,需要对地层承压能力进行测试,合理设计水泥浆密度,保证压稳防漏。

7）盐膏层中泥页岩的胶结问题

大段盐岩下部存在有泥页岩,要保证固井质量须提高泥页岩水泥环的胶结质量。泥页岩具有遇水膨胀的特点,提高胶结质量的关键就要控制水泥浆失水,确保水泥浆能够有效地抑制泥页岩膨胀,从而保证固井质量。

8）盐水浓度与水泥浆的胶结性能

盐膏层注水泥浆的目的是让进入套管与井壁间环空的水泥浆凝固产生强度支撑套管,并同各种成分的岩石黏结,以便控制盐膏层产生的各种复杂情况。为了使水泥浆的性质,如水泥浆的密度、稠化时间、流变性、滤失水、自由水含量与水泥石抗压强度、渗透性及其抗化学降解性等适应盐膏层的需要,给盐膏层井眼注水泥,特别需要好的水泥浆配方,因为水泥和盐层间很难达到平衡。如果达不到平衡状态,就造成盐溶解,碱金属运移进入水泥浆,将造成水泥浆延缓凝固、强度降低,水泥与盐层间的胶结很差。目前现场应用与盐膏层固井的水泥浆主要有两种：一是低含盐水泥浆，二是高含盐水泥浆。

（1）低含盐水泥浆体系

其优点是性能容易控制，配浆简单。但现场应用的过程中也存在不少缺点：

① 必须控制水泥浆泵送速度，尽量避免冲蚀盐膏层。

② 由于盐的溶解，泵送水泥浆和其凝固期间含盐量增加，水泥浆稠化时间将变得难以估计。

③ 低含盐水泥浆溶解井壁盐层，可能会造成水泥和盐膏岩之间出现小的间隙，使水泥与地层间胶结很一般。

虽然低含盐水泥浆改善了盐膏层注水泥的一些局限性，但这种技术不能令人满意，它只限用于少数特殊的实例中。另外，上述两种水泥浆都不适用于含镁的盐膏地层。对于含有不同程度镁的盐膏层，水泥浆配方要求满足：a. 水泥浆的初始和最终抗压强度；b. 可以调整水泥浆的稠化时间；c. 水泥浆流变性；d. 自由水特性；e. 水泥浆可与镁盐相配伍；f. 与上覆和下面不含盐地层的相适应性；g. 使水泥和盐层之间的胶结极好。

（2）高含盐水泥浆体系

一般指含配浆水盐量在15%以上的水泥浆体系，包含半饱和水泥浆体系和饱和水泥浆体系。其主要优点是较好地控制了盐膏的溶解，即使存在溶解一般也不会对水泥浆体系造成太大影响，水泥浆的性能能够得到保证，水泥与地层将能够获得更好胶结。但这种含盐量高的水泥浆也有大量极为严重的缺点：

① 水泥浆的稠化时间难以控制，因为水泥浆中含盐量高使水泥浆的稠化时间获得延缓，往往需要加入促凝材料。

② 水泥浆的流变性很难与紊流状态相适应。

③ 高含盐水泥浆失水量大。

④ 高含盐水泥浆可能与盐膏层上面或下面某些地层不匹配。如碱性硅石反应，在某些砂岩地层和酸性火山岩中的非结晶硅石，结晶硅石同盐反应并生成膨胀的碱性硅酸盐，碱性硅酸盐可完全破坏地层和水泥浆。

⑤ 高含盐水泥浆还须解决可泵性和高密度性能的实现问题。

对于巨厚盐膏层固井水泥浆，国内外都进行了详细研究，其中一些研究发现也获得了专家们的一致认可：低浓度的盐水对水泥浆有促凝作用，3%～5%浓度的盐水促凝作用最为显著；盐浓度在12%～20%的盐水对水泥浆凝结时间影响较小，而浓度大于20%的盐水是水泥的缓凝剂。盐在较高的浓度时可以降低水泥浆的稠度（起到一定的分散作用），有利于实现低速紊流，提高固井质量，但在低含量时（盐水浓度为1%～3%）将使水泥浆稠度增加流动度下降。在一定的养护温度和时间下，随着盐掺量的增加，水泥石强度发展会逐渐变慢，且强度也随之降低，但胶结强度会有所改善。

9）深水盐膏层固井水泥浆设计应遵循原则

① 能有效抑制盐膏层蠕变、盐溶和泥岩水化膨胀，以保证水泥浆性能的稳定。

② 复合盐膏层尤其是含有芒硝及石膏的盐膏层，应特别注意水泥浆抗芒硝及石膏污染评价。

③ 采用过饱和盐水配置水泥浆，有效防止盐膏层中盐溶入水泥浆。

④ 高温条件下，尤其是高密度水泥浆，仍能保持良好的流变性能和安全施工时间。

⑤ 具有良好的抗盐、抗钙、抗泥浆侵入能力，失水、稠化时间可控和抗压强度要高。

⑥ 高温高压下仍具有较低的滤失量，能形成薄而韧、压缩性好的泥饼，保证胶结质量。

⑦ 应具备一定的抗气侵能力，防止地层酸性气体侵入、破坏水泥石以及套管的内部结构。

为方便现场调控施工，确保高密度过饱和盐水水泥浆体系在较高密度下依然具有良好的流变和失水性能，采用抗盐聚合物和抗盐乳液作为水泥浆降失水剂，选用性能优良的复合加重剂材料作为水泥浆加重剂，一方面能够保证固井过程中水泥浆性能稳定，另一方面有利于提高水泥浆顶替效率。经过抗盐处理剂的筛选、加重剂材料复配组合分析，拟定了高密度过饱和盐水水泥浆体系的基本组成，从而建立起一套适合于巨厚盐膏层固井的高密度过饱和盐水水泥浆体系，见表 5－17。

表 5－17　过饱和盐水水泥浆体系配方

组　分	水　泥　浆　密　度				
	1.90 g/cm³	2.00 g/cm³	2.10 g/cm³	2.30 g/cm³	2.40 g/cm³
水泥	100%	100%	100%	100%	100%
NaCl	15.40%	16.30%	18.50%	22%	24.40%
淡水	35%	37%	42%	49%	54%
CG88L	10%	10%	10%	10%	10%
GR1	3%	3%	3%	3%	4%
CF44L	0.30%	0.50%	1%	1.50%	1.50%
H21L	0.10%	0.13%	0.15%	0.30%	0.25%
EXP－1	1%	1%	1%	1%	1.50%
MX	8%	8%	8%	8%	9%
CD26F	0	19%	52%	113%	155%
CX66L	0.50%	0.50%	0.50%	0.50%	0.50%

注：表中，CG88L 为抗盐聚合物降失水剂；MX 为抗盐孔隙支撑剂；CD26F 为水泥浆加重剂；EXP－1 为膨胀剂；CF44L 为分散剂；H21L 为缓凝剂；GR1 为弹性乳液；CX66L 为消泡剂。

该水泥浆体系采用抗盐聚合物和抗盐乳液作为降失水剂，使用复合加重剂材料作为加重剂，水泥浆密度高达 2.40 g/cm³ 的情况下，依然能够具有自由水为零、稠化时间可调、24 h 养护抗压强度大于 14 MPa、API 失水量小于 50 ml 的性能。

5.6　深水水泥浆设计与评价

5.6.1　深水水泥浆设计和实验原则及方法

1）设计和实验原则

① 设计深水低温水泥浆时，在保证强度的条件下，应尽可能地缩短水泥浆由液态向固态转化的时间，防止浅水流危害，即具有防窜性能，能在井筒环空内具有较快的胶凝强度，以防止水泥浆接触地层液体的危险时间过长而导致水泥浆窜槽。

② 实验室在做深水固井的水泥浆化验时，除了调节到满足该层位固井的水泥浆性能外(包括强度、稠化时间等)，还应考虑将该水泥浆静止或搅拌放置在室温下 30～60 min，测其流态是否具有可泵性，并且模拟井下循环温度和静止温度测其性能，而且该性能仍然满足下一钻进。

③ 一般常用的含 $CaCl_2$ 的早强剂放热性能大，不适合有含气化物的井眼封固，所以在做深水水泥浆化验时，应避免使用含有 $CaCl_2$ 的早强剂产品。

④ 深水固井的水泥浆早强剂应满足以下几点：短时间内形成早期强度，提供结构支撑及不浪费下一钻进时间；保证井口水泥封固质量；短候凝时间，防止浅层气窜；保证固井作业的施工安全。

2）性能试验方法

根据深水作业条件在本报告中所涉及的水泥浆的性能试验，均参照以下方法进行。

常规水泥浆制备(API 10B－3)：按照 ISO 10426：2003 油井水泥推荐试验程序，水泥、外加剂、混合水实验室的温度控制在所预测的井场温度的 2℃误差；混合器的温度与混合水温度相同，混合设备转速误差控制在 5%以下，12 000 转时小于 500 转误差。而特殊水泥浆制备，如泡沫和 DWR－6000 玻璃微珠水泥浆所使用的评价方法需要根据现场作业工具情况进行模拟试验。

(1) 配浆水

配浆水采用海水，从 10～20 m 深海水域抽出的海水温度在 20℃左右(按照夏季情况)，所以配浆使用的海水温度控制在 20℃±2℃。

(2) 配浆过程控制

由于水泥浆中含有 DWR－6000 玻璃微珠减轻剂，而减轻剂在 12 000 r/min 搅拌速率下较易破损，影响水泥浆性能；现场混配水泥浆时设备的搅拌速率仅相当于室内

2 000 r/min 转速，所以室内搅拌速率的控制应采用折中的方法进行。结合 API 规范与现场作业情况。室内配置方法为：在 4 000 r/min 的转速下，15 s 内将混灰倒入浆杯，后继续搅拌 45 s。

（3）水泥石强度试验

① 强度试验。试验的温度和压力应该尽可能地反映该井温度压力的变化；试验过程为了保证迅速降温而使设备预先降温，让设备温度低于井场最低温度，在水泥浆放入 20 min 后，将水泥浆轻轻搅拌，直到达到所需的温度，开记录养护时间，24 h 后测试强度；对于带压养护釜，试验完毕时泄压要缓慢进行。

② 强度测试过程。强度大于 500PS－1I(3.5 MPa)，压载速率为(71.7 kN±7.2 kN)/min，小于 500PS－1I 则压载速率为(17.9 kN±1.8 kN)/min。

（4）水泥浆的稠化试验

水泥浆的稠化试验直接反映水泥浆可安全泵送时间，与现场安全作业息息相关，所以在试验方法设定上要慎重。由于是深水低温试验，试验过程中比较重要的水泥浆的降温时间，根据现场的施工工艺与作业流程设定如下：结构管水泥浆的降温时间控制在 20 min 内，而表层套管水泥浆稠化试验的降温时间控制在 30 min 内。

（5）水泥浆失水试验

水泥浆失水试验为静态及搅拌情况下的滤失试验，含有低温冷却设备。室内事先做到：

① 将失水桶降至试验温度。

② 将水泥浆在试验温度下养护 20 min。

③ 进行失水试验并记录结果。

（6）水泥浆稳定性试验

深水井眼模拟自由液及浆体稳定性试验，在常压容器中冷却到所需要的温度，放入仪器调节 20 min，确定温度是否达到，再轻搅。

（7）流变试验

使用旋转黏度计测定流变性和凝胶强度，设备需要带有冷却装置，从最低速度开始测定 10 s，最高速率 511 s^{-1}。

（8）水泥浆水化放热试验

水泥浆水化放热的测试目的是反映水泥浆在绝热环境下水化放热而产生的浆体温度变化情况。试验时，将配置好的定量水泥浆置于水化热测试装置下进行浆体静止温度测试。

5.6.2 深水固井水泥浆评价设备与方法

5.6.2.1 深水固井水泥浆评价设备

为模拟深水低温环境，针对深水固井水泥浆进行物理性能检测实验，需要一系列相关评价设备。

1）低温稠化仪

低温高压稠化仪设备分为三大系统：增压型双缸稠化仪系统、增压冷却循环系统和高效制冷系统。即在现有的增压型双缸稠化仪的基础上，增加冷却循环系统与高效制冷设备。仪器按以下原则进行设计：

① 原来高温高压试验系统基本不变，保持原技术指标，只是在增压釜进出油口处加装两只三通和两只高压阀，引入低温制冷系统。

② 当低温试验时开启两只高压阀，高温试验时关闭这两只高压阀。

③ 低温制冷系统分为制冷机组和自液循环系统两部分。

④ 自液循环系统的核心部件为自行设计的高压循环泵。

⑤ 制冷机组的主要部件为压缩机冷凝器节流阀和蒸发器，其中蒸发器为自行设计，其独到之处在于制冷量直接传递到自液循环系统的稠化油，与釜内热量交换。

2）低温养护釜

根据养护釜研制原理，用于深水固井评价的低温养护釜大体分为三大系统：增压型单缸养护釜系统、增压冷却循环系统和制冷系统。

① 增压型单缸养护釜系统应严格按照 API 规范 10 的要求进行设计。它能模拟井下高温高压条件下，水泥浆养护一定时间，形成标准的水泥石模块，提供给压力试验机进行抗压强度试验。该系统由压力釜、气驱增压泵、气动液压管路系统、自动起吊装置、温度控制系统、压力报警系统及冷却系统组成。

② 增压冷却循环系统和制冷系统组成低温制冷单缸养护釜的冷却装置。该装置的设计构思依据中国海油在海洋固井作业中所遇到的困难和作业所处的实际环境条件，同时该装置的生产吸收了高温高压稠化仪设备中磁力驱动装置的生产经验。该装置由高压冷却釜、高压磁力循环泵、高压冷却釜外套及制冷源组成。该冷却设备是在增压型单缸养护釜自带的冷却系统进行初冷却后，再次对增压型单缸养护釜进行深度冷却，使其达到海洋作业所需温度。经过高温养护和低温冷却的反复试验来测试水泥石在高、低温交替变化条件下的抗压强度。低温高压养护釜正常工作时主要性能参数包括：最低温度：0℃；最大降温速率：0.5℃/min；最高压力：100 MPa。

3）机械式凝胶强度测定仪

传统的静胶凝强度分析仪是利用穿透水泥浆的超声波强度，来计算水泥浆的静胶凝强度，但这种测量理论和测量方法只适用于少数特定的水泥浆体系，对大多数水泥浆体系并不适用，因此对固井作业的环境参数有限制。机械式凝胶强度测定仪是依靠标准稠化杯桨叶在水泥浆杯中进行微弱的相对旋转（API 规范 10 中规定为 0.02 r/min），来切割水泥浆中的胶体结构。这样，在对水泥浆体系有轻微损坏的情况下，直接测得水泥浆体系的静胶凝强度。这种测试理论和测试方法是遵循 API 规范 10B 的。同时对实际固井作业的环境参数没有任何限制，适用于所有的水泥浆体系。

机械式凝胶强度测定仪器的工作原理如下：

① 固定式桨叶的形状是根据 API 规范 10 制定的。

② 根据 API 规范 10，浆杯在水泥浆体系中以恒定的速度旋转(速度是 150 r/min)。浆杯旋转时，水泥浆的稠度会对桨叶产生一个反作用力(F1)。该力通过桨叶轴作用在磁力驱动器的内磁驱部件上(F1)。

③ 内磁驱部件与外磁驱部件之间通过磁场连接，这样，内磁驱部件上的作用力(F1)通过磁场传递给外磁驱部件(F2)。

④ 外磁驱部件与伺服电机之间是机械连接，外磁驱部件的作用力(F2)通过机械连接传递给伺服电机(F3)。

⑤ 伺服电机要以恒定的速度转动，必须克服作用力(F3)。因此作用力(F3)的变化必然会导致电机功率的变化。可以通过测量电机电流的变化，计算出桨叶所受的反作用力(F1)，从而测得水泥浆体系的参数。

4) 模拟地层环境水泥水化放热测定仪

如图 5 - 17 所示的模拟地层环境水泥水化放热测定仪，主要按照 GB/T 12959—2008 水泥水化热试验方法进行研制，可以同时记录多组水泥浆浆体温度的变化。系统采用高精度温度传感器采集热量计中水泥的温度变化，多组热量计被安装在一个带数控装置的恒温循环水槽中以保证外界温度的恒定，热量值的变化被多通道数据采集装置实时采集并传输到电脑上，软件自动分析数据。

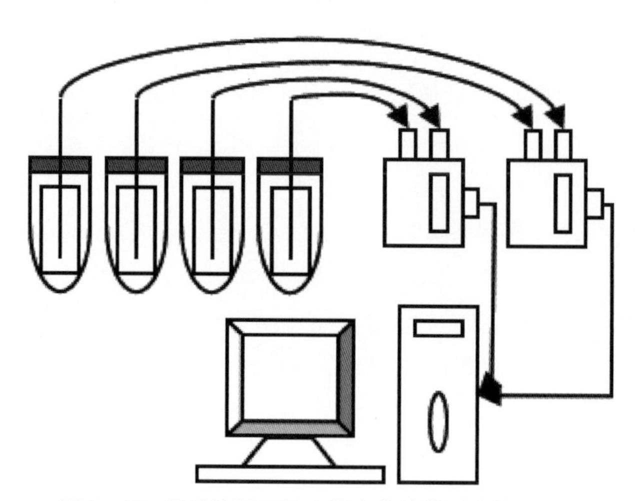

图 5 - 17　模拟地层环境水泥水化放热测定仪原理图

如图 5 - 18 所示的模拟地层环境水泥水化放热测定仪的技术参数如下：热量计位数：16 个；控温范围：0～100℃，控温精度：±0.1℃(温度任意可调)；制冷方式：原装进口压缩机制冷(独立制冷)；加热方式：加热管加热(工艺流程自动控制)；控制方式：数显工艺流程温控(微电脑)；工作电源：AC220 V±10%V，50 Hz。

图 5-18　模拟地层环境水泥水化放热测定仪

温度采集系统采用高精度芯片。传感器采集热量计中水泥的温度变化，温度分辨率为 0.001℃。高精度温传感器具有自动修正功能，简单方便，人性化，可远程监测热量计中水泥的温度变化情况。该系统分析软件可以配任意一台电脑，以防实验时电脑出现故障而停止实验。热量值的变化被多通道数据采集装置实时采集并传输到电脑上，综合热量输出曲线的比率可给出整个热量输出曲线，并自动计算出 1～7 d 热量数据。

5.6.2.2　深水固井水泥浆评价方法

1）水泥浆防窜系数评价方法

近年来人们对油气井固井的窜流问题更加关注，尽管如此，并没有任何行业认可的标准方法（API 或 ISO）来评价窜流问题，从而造成对许多方法和定义的误解。国内外有许多评价和预测水泥浆防窜性能的模式与方法，普遍采用的有以下几种。

(1) 气窜因子(FGFP)法

气窜因子法是由 Sutton 等于 1984 年提出的，并称之为“气体流动可能性”。定义为水泥浆柱失重的最大压降与井下过平衡静水压力的比值：

$$\mathrm{FGFP}=\mathrm{PR}_{\max}/\mathrm{POBR} \tag{5-1}$$

$$\mathrm{PR}_{\max}=0.96L/(D_h-D_c) \tag{5-2}$$

$$\mathrm{POBR}=P_{st}-P_g \tag{5-3}$$

式中 FGFP——气窜因子(FGFP<1 理论上不会气窜,FGFP>1 有气窜危险);

PR_{max}——水泥浆失重引起的最大压降(MPa);

POBR——初始过平衡压力(MPa);

L——尾浆封长(m);

D_h——井径(mm);

D_c——套管外径(mm);

P_{st}——注水泥浆后初始静液柱压力(MPa);

P_g——气层压力(MPa)。

(2) 水泥浆性能系数(SPN)法

SPN 法计算公式如下:

$$SPN = FL_{API}\frac{(\sqrt{t_{100}} - \sqrt{t_{30}})}{\sqrt{30}} \tag{5-4}$$

式中 SPN——水泥浆性能系数;

FL——API 失水(ml,6.9 MPa、30 min);

t_{100}——稠度达到 100 Bc 的时间(min);

t_{30}——稠度达到 30 Bc 的时间(min)。

应用 SPN 值评价水泥浆防气窜性能的标准是 SPN 值越小,防气窜能力越强,见表 5-18。由以上公式也可看出,稠化过渡时间越短,失水量越小,SPN 值越小,即防气窜能力越强。

表 5-18 水泥浆防气窜性能评价标准

SPN 值	1~3	4~6	>6
评价标准	好	中等	差

(3) 水泥浆性能响应系数(SRN)法

SRN 法计算公式如下:

$$SRN = \frac{(dSGS/dt)/SGSX}{(dl/dt)(V/A)} \tag{5-5}$$

式中 SRN——70≤SRN≤170 时,防气窜好;170<SRN≤230 时,防气窜中等;SRN>230 时,防气窜差。

dSGS/dt——静胶凝强度最大增长速率。

SGSX——增长速率最大时的静胶凝强度。

dl/dt——SGSX 时的滤失速率。

V——单位长度的环空体积。

A——单位长度的井壁面积。

2）水泥浆对浅水流的抑制性能评价

浅水流的产生与深水泥线下高压盐水和高压气体的存在密切相关。要抑制浅水流的危害，关键在于解决浅水流气上窜的可能性，除了要对井场情况有充分了解并采取针对性的预防措施外，现场水泥浆的密度及在整个候凝期间的压力传递性能是抑制浅水流的关键。无论是浅水流的高压还是浅层水可能产生的涌动，都与水泥浆的压力传递性能有关。与油气水的窜流一样，浅水流的窜流首先需要低密度的液柱将高压流体封闭在地层。其次，在水泥浆的候凝期间，要保证水泥浆的液柱压力传递一直持续进行，直到水泥浆完全凝固。水泥浆凝固为坚硬的水泥以前，有两个过程可能导致水泥浆丧失传递液柱压力的能力：一个是水泥浆向地层的滤失，另一个是水泥浆静凝胶强度的发展。凝胶强度的发展最终导致水泥浆的凝固，而这个过程也伴随着水泥浆的失重，只有在水泥浆的失重足够小而水泥浆的候凝强度达到足够抑制地层高压流体的进入时，浅水流的危害才能得到解除。因此，要求水泥浆体系具有更好的直角凝固特征，即一旦凝胶强度开始发展即可以迅速达到抑制浅水流的水平。

经过以上理论分析，可知抗浅水流水泥浆应具备以下性能：

① 随温度升高水泥浆稠化时间应呈现严格缩短趋势，以利于水泥浆液注压力的传递。

② 水泥浆稠化过渡时间控制在 30 min 以内，有利于水泥浆由液态过渡到固态过程中能够在足够短的时间内形成较高的凝胶强度，以抑制浅水流的影响。

③ 水泥浆早期强度发展要迅速，能够在较短的时间形成足够的强度以降低浅水流作用的风险。

3）防浅水流水泥浆体系的稳定性

自由液是评价水泥浆体系的一个主要指标。通过研究，发现采用聚合物配制的低温低密度水泥浆体系没有自由液产生。沉降是在悬浮液体系（一般悬浮颗粒的粒径≥0.1 μm）中，悬浮颗粒在重力作用下沿重力方向不断运动，直至达到新的平衡的一种物理化学现象。由于水泥颗粒的粒径一般为 1～100 μm，且难溶于水，因而水泥浆处于一种悬浮分散状态。在低密度的情况下，沉降稳定性将更多表现为减轻剂上浮的稳定性，大量的减轻剂上浮将降低上部井眼的固井水泥石强度，从而进一步降低固井质量。所以，应该保证油井水泥浆体系的选择及设计满足水泥浆悬浮稳定性的要求，确保水泥浆顶替后不在环空中形成连通窜槽。

对表层套管使用的硅酸盐水泥浆的沉降稳定性研究表明，该水泥浆体系具有较好的颗粒悬浮能力和颗粒携带能力。在 7℃、10℃、20℃、30℃的不同温度情况下，静置 5 h 的沉降稳定性试验表明，其上下密度差均在 0.01 g/cm^3 以内，体系具有优良的沉降和悬浮稳定性能，见表 5－19。

表 5-19 水泥浆的沉降悬浮稳定性

温度/℃	上部密度 /(g/cm³)	下部密度 /(g/cm³)	自由水 /ml	密度 $\Delta\rho$ /(g/cm³)
7	1.40	1.40	0	0
10	1.40	1.40	0	0
20	1.39	1.40	0	0.01
30	1.39	1.40	0	0.01

由于水泥浆的增强剂和减轻剂的颗粒悬浮能力强，再加上 CG88L 聚合物较好的护胶悬浮能力，可以有效地保证水泥浆在整个稠化凝固期间浆体的均匀稳定，能够有效地防止由水泥浆沉降失稳造成的油气水窜，从而保证固井封固质量。

5.7 深水水泥浆体系固井技术工艺及措施

5.7.1 固井技术措施

① 表层地层较为酥松，存在不均质，井眼扩大严重，设计时应适当放大水泥浆附加量。

② 海底地层压力窗口较窄，设计时应做好相应软件模拟，作业时要严格控制水泥浆 ECD，防止压漏地层。

③ 需要适当安装套管扶正器，建议每 6 根套管加放 1 个弹性扶正器。

④ 现场水泥浆应做好性能复查工作，确保作业过程安全有效。

⑤ 注水泥浆前应先注入 2 m³ 左右示踪剂，便于观察水泥浆返出情况。

⑥ 注水泥浆过程中要保持大排量注替，建议领、尾浆泵送速度不低于 4 bbl/min。

⑦ 顶替过程中应先快后慢，前面顶替速率应不低于 4 bbl/min，后面 120 bbl 时采用慢替，顶替速度控制在 2.5～3 bbl/min 间，提高顶替效率，便于井口观察。

5.7.2 固井作业流程

① 固井前，采用现场工业样复核和调整水泥浆性能。

② 检查固井设备、管线及阀门。

③ 清洁配浆水柜。

④ 按照设计及验证配方要求准备外加剂材料。

⑤ 泵一定量(如 2 m^3)的示踪剂。

⑥ 并循环前置液将稠泥浆顶替干净。

⑦ 停泵,接固井管线。

⑧ 固井泵通水并试压。

⑨ 泵冲洗液。

⑩ 泵隔离液。

⑪ 泵首浆。

⑫ 泵尾浆。

⑬ 停泵,倒阀门到泥浆管线,泥浆泵替少量尾浆水。

⑭ 用泥浆泵顶替水泥浆。

⑮ 观察井口,有水泥浆示踪剂返出,立刻停泵。

⑯ 泄压,检查回流。

⑰ 若有回流,泵回回流量。

⑱ 需要时进行憋压候凝。

5.7.3　深水固井注意事项

① 水泥浆外加剂的准备要留有余量。

② 仔细检查现场材料,核对水泥浆配方及其性能。

③ 仔细检查固井设备及固井管线,保证处于绝对的完好状态。

④ 仔细计算固井作业过程中段塞的体积。

⑤ 仔细计算并请第三方核对各段塞的配制材料及材料的使用量。

⑥ 外加剂及添加剂的加入按要求,井场实验配方足量严格执行。

⑦ 所有固井平台人员要认真负责、实时持续观察和反映作业异常情况。

⑧ 固井前保证井眼清洁。

⑨ 固井过程中要观察管线、阀门的状态。

⑩ 保证井眼无漏失。

⑪ 仔细检查送入工具。

⑫ 做好泵送过程的取样及养护实验。

⑬ 候凝时间达到要求后,水泥石的强度达到要求才能展开后续作业。

第 6 章　深水钻井应急救援技术

国际深水油气开发始于 20 世纪 70 年代。半个世纪以来，虽然国际深水开发已日趋成熟，但仍无法避免井喷等重大事故。据 SINTEF 海上井喷数据库统计，1980—2016 年，仅在美国墨西哥湾外大陆架、挪威和英国北海海域就发生了 295 起井喷事故，其中 60%以上发生在钻完井阶段，尤其以 2010 年美国深水地平线井喷、爆炸、漏油事件最为严重。因此，在深水油气开采过程中，井喷等重大事故的预防不可忽略，一旦事故发生，经济损失、环境污染、社会问题等影响极其深远。自深水地平线事件后，国际上行业内针对深水井控和应急救援，从监管机构、法律法规体系、标准规范、应急救援技术各方面都做了大量的改革和加强，已初步形成了深水钻井应急封井应急救援技术体系。

我国南海深水油气开发起步较晚，2012 年钻成第一口自营深水井，与国外相比落后了 40 年。我国在深水钻井应急救援研究方面刚刚起步，在基础理论、方法体系和关键技术方面均与国外存在一定的差距，对重特大事故的遏制能力仍显不足。因此，急需从基础理论、关键技术与装备入手，建立我国深水钻井应急救援技术体系，提升我国深水应急救援能力。

6.1 井喷早期智能预警技术

考虑到深水钻井环境的特殊性，根据深水钻井与常规浅水钻井、陆地溢流监测传感器安装位置的不同，可在水上海面、水中、水下海底及井下都安装传感器进行溢流早期监测。水上监测法主要是指以平台井口转喷器处返出情况、泥浆池增量参数为依据的监测手段和方法，以提高泥浆池液面、井筒液面、进出口流量、压力等监测精度为主。水上井口非常规监测法主要是在井口通过声波或压力波等机械波及其回波监测井筒内钻井液性能变化，用于气侵监测，包括声波压力波气侵监测法、流速波法等。

由于深水钻井期间有长距离的隔水管，因此在水中或者水下海底井口可以比水上更早发现溢流。海底泥线附近是海水段溢流监测的有利位置，及早发现井下溢流、防止大量气体进入隔水管，对井控有着极其重要的作用。基于此优势，发展了多种溢流早期监测方法，如声波监测法、隔水管超声波监测法、压差监测法、水下机器人观察法等。

井下监测是为了第一时间监控地层流体侵入井筒，将监测传感器安装在钻柱上，可实现井下随钻监测。井下随钻监测法有随钻环空压力测量、随钻测井、随钻地层测试、井下微流量测量、随钻超声波流量测量技术等。“十二五”期间，依托国家 863 课题，中国海油牵头成功研制了监测深水表层无隔水管钻井井下溢流监测技术。该项技术通过随钻测量环空压力、钻柱内压、环空温度，并实时上传数据，当发生溢流时，随钻监测到的环空压力和 ECD 将降低，同时依据井下环空温度辅助判断井眼工况。

随着智能技术和大数据的发展，逐渐形成基于历史钻井大数据的"水上、水中、水下、井下"多源监测数据融合监测方法，如图 6-1 所示。该方法的原理是水上、水中、水下、井下监测单元将监测参数传输至智能化数据分析平台，通过数据建模和历史井涌监测数据融合分析，实现信源多样性的决策利用。软件实时将各种风险工况表征与各项监测参数波动情况进行综合分析，当监测数据的波动变化情况符合某种风险表征规律时，分析平台自动快速、准确识别风险，判断风险强度并报警。

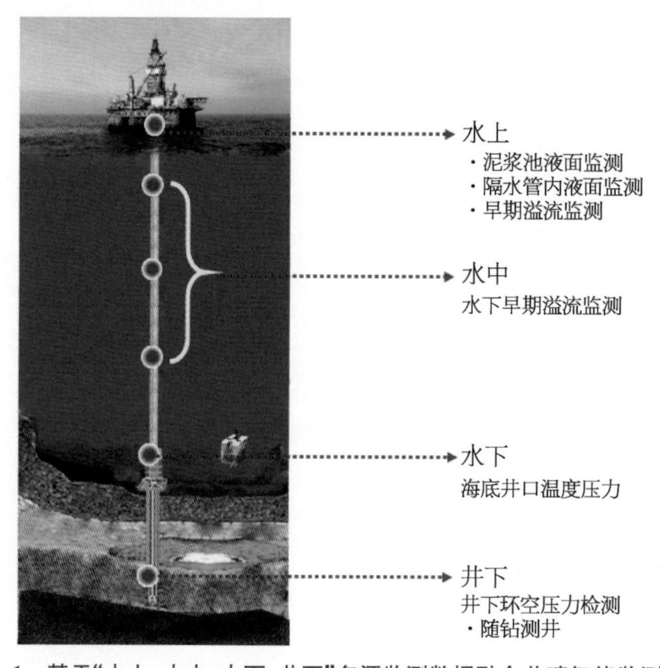

图 6-1　基于"水上、水中、水下、井下"多源监测数据融合井喷智能监测方法

6.2　水下井口失控应急封堵技术

深水钻井水下井口失控后再控制十分困难，需要一套封堵井口并回收溢流应急系统。一套典型的海上油井封井回收系统主要功能包括井口封堵，输送溢油分散剂和水

合物抑制剂，油气收集、传输、处理、储存和卸载等。目前行业领域已有至少 7 家公司研制该系统，包括 MWCC 公司的系统(Marine Well Containment System，MWCS)、Helix 公司快速响应系统(Helix Fast Response System，HFRS)和 Wild 井控公司的油井封井回收系统等。

MWCS 系统包括数艘油气收集船只和一整套水下封井回收设备，类似于英国石油公司在深水地平线钻井平台爆炸倾覆后三个月的反复试验中所开发出来的一套系统，可以收集并控制海面以下 3 000 m 深处每日至多 10 万桶石油的泄漏。MWCS 系统如图 6-2 所示，其设计一个封井器密封井喷井并收集从井喷井中流出的油气，而不增加井口压力，从而避免进一步损坏井筒完整性。

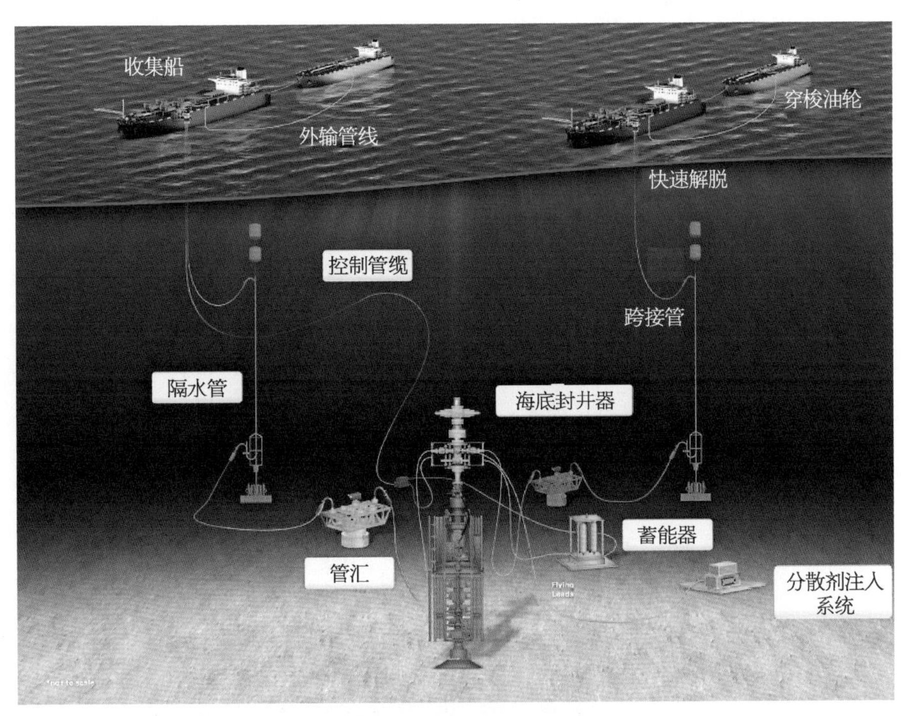

图 6-2　MWCS 系统示意图

一套海上油井封井回收系统包括以下几部分：

① 海底系统。包括：a. 水下应急封井器；b. 海底工具包(比如损毁设备切割和拆卸)；c. 海底分散剂和水合物抑制剂传输系统；d. 水下液压动力单元(HPU)；e. 海底部署/运行工具。

② 管线、立管、脐带缆、管汇。

③ 模块化的收集船或收集船只。

④ 模块化舷或干舷。

上述组成部分中，安装在井喷失控井口进行封井和(或)引导井喷油气流体的水下应急封井器是其中最关键的设备，其主要功能包括：关井，将事故井隔离；提供向井筒注入压井液的通道；提供向井筒注入化学药剂的通道；监测井筒关键参数；控流操作时用作回流的分流器。水下应急封堵装置最早应用于 2010 年墨西哥湾英国石油公司 Macondo 漏油事件的抢险救援，其可以进行关井、分流、压井、分散剂注入等操作。处置 Macondo 漏油事件的水下应急封井装置如图 6-3 所示。

图 6-3 成功处置 Macondo 漏油事件的水下应急封井装置

2014 年 7 月 API 颁布了 API-RP-17W“水下应急封井装置”，该推荐做法的内容涉及水下应急封井装置的设计、制造、使用、储存、维护和测试等。API-RP-17W 将水下应急封井装置的基本类型分为两类：第 1 类封盖形式和第 2 类封盖与分流形式。

对使用第 1 类水下应急封井装置的井，关井以后井筒能保持压力完整性。将第 1 类水下应急封井装置连接至事故井，实现关井，临时分流井筒流体以便关闭主井筒，并连接泵设备将压井液注入井筒。第 1 类水下应急封井装置的总体配置如图 6-4 所示。

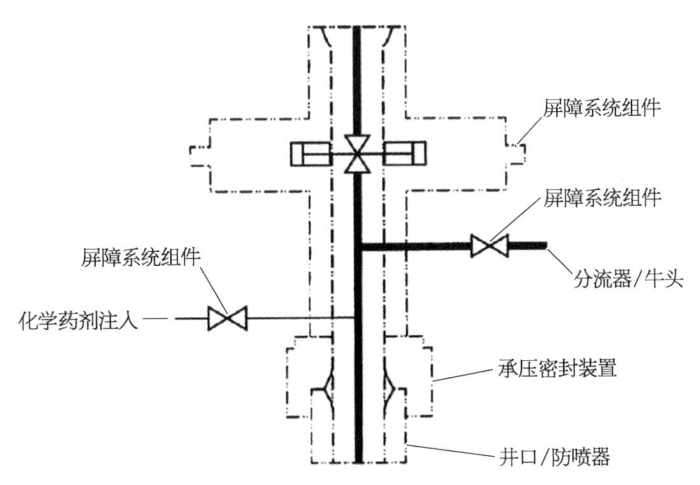

图6-4 第1类水下应急封井装置的总体配置

对于井筒可能在关井过程中失去压力完整性的情况,应使用第2类水下应急封井装置。第2类水下应急封井装置连接至事故井,实现关井、分流井筒流体、连接泵设备将压井液注入井筒,并通过分流出口的节流装置控制流量,使用柔性软管和生产立管将井流引导至水面船舶进行储存及处理。第2类水下应急封井装置的总体配置如图6-5所示。

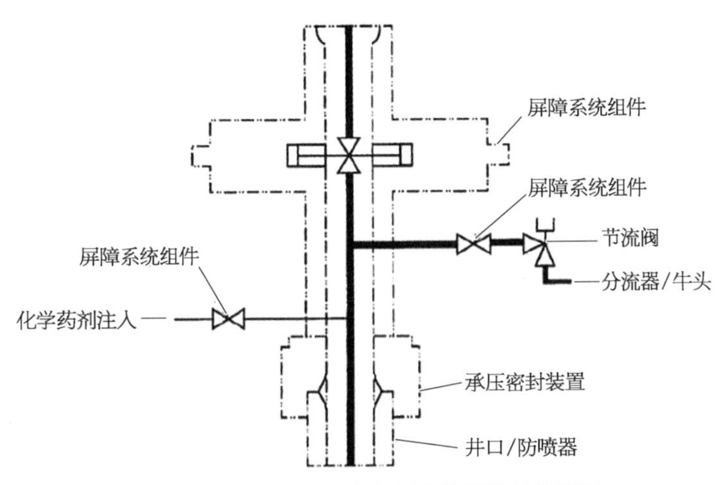

图6-5 第2类水下应急封井装置的总体配置

Macondo漏油事件之后,国际上成立了多家公司共研制出约17套水下应急封井装置,布置在世界各主要海洋石油开采区,由应急救援组织/公司以及油气公司所有,见表6-1。例如,MWCC是由美孚公司、壳牌公司、康菲公司、雪佛兰公司、英国石油公司等10个国际知名石油公司成立的应急救援非营利性的联盟公司。

表 6-1　水下应急封井装置储存点及服务区域

组织/公司名称	种类	数量	储存位置	服务区域
MWCC	联盟	3	得克萨斯州 ingleside	墨西哥湾
HWCG	联盟	2	休斯敦，得克萨斯州 ingleside	墨西哥湾
OSPRAG	联盟	1	阿伯丁	英国大陆架
OSRL	联盟	4	巴西，挪威，新加坡，南非	全球(不含美国水域)
WWCI	组织	2	阿伯丁，新加坡	全球(含美国水域)
壳牌公司	作业者	3	阿拉斯加，阿伯丁，新加坡	全球(仅限壳牌公司)
英国石油公司	作业者	2	休斯敦，安哥拉	全球(仅限英国石油公司)；安哥拉装置仅供英国石油公司安哥拉公司

典型水下应急封井装置的主要技术参数见表 6-2。根据事故井的水深、井口压力、井口温度、须处理的油气量等，选择合适的水下应急封井装置。

表 6-2　典型水下应急封井装置的主要技术参数

公司名称	水深/m	压力等级/psi	封堵尺寸	溢油收集/BPD	设备尺寸(长×宽×高)/m	设备重量/t	工作温度/℃
MWCC	3 000	15 000	$18\frac{3}{4}$ in 闸板	100 000	3.50×3.50×5.64	93	176
HWCG	4 500	10 000	$18\frac{3}{4}$ in 闸板	60 000	3.50×3.50×5.79	76	176
OSPRAG	3 000	15 000	$5\frac{1}{8}$ in 闸阀	75 000	3.96×4.57×4.57	43.8	121
SWRP	3 000	15 000	$18\frac{3}{4}$ in 闸板	100 000	4.69×4.15×5.79	120	150
WWCI	3 000	15 000	$18\frac{3}{4}$ in 闸板	100 000～200 000	5.84×5.62×7.01	110	121

水下应急封井装置主要部件包括闸板防喷器、闸板阀门、井口连接器、分流四通、管道连接器、节流阀、水下机器人操作面板、上部芯轴等。水下应急封井装置的制造厂家主要是 Trendsetter 和 Cameron 等公司。

6.3　深水救援井技术

救援井通常是为抢救某一口井喷、着火的井而设计施工的定向井，如图 6-6 所示。

救援井与失控井有一定距离，在设计连通点救援井和失控井井眼相交，并从救援井内注入重泥浆压井，从而控制失控井。国际上第一口救援井是1934年在东得克萨斯康罗油田钻成的。我国南海1986年1月开展过救援井作业，后因成功关井未实施连通作业。

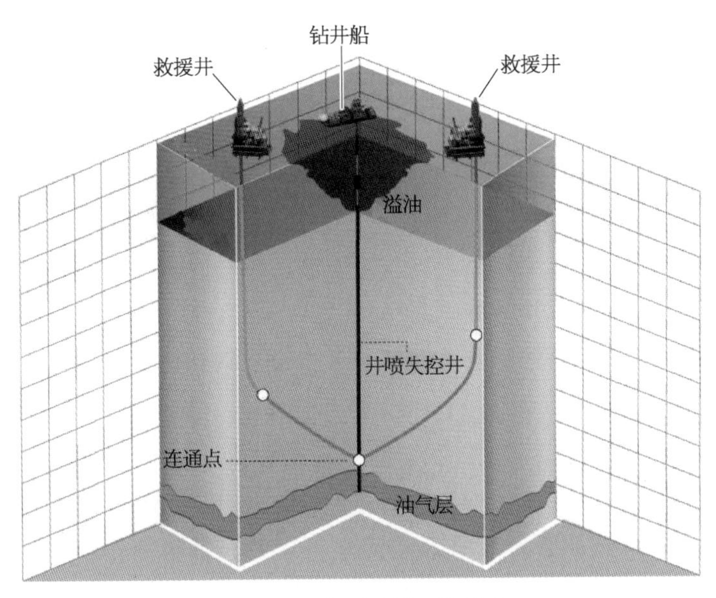

图6-6　典型救援井示意图

救援井的关键技术包括井位优选、井下连通作业、救援井压井、弃井等。救援井井位选择对于钻井作业安全、建井周期、成本有很大影响。

救援井井位选择要考虑如下因素：

① 法律法规、保险、合同限制。

② 海底或海底地形及障碍物影响，通常考虑在经过井场调查的区域。

③ 海洋环境影响，风向、流向、海浪和冰期。

④ 火灾热辐射面积或者 H_2S 等有害气体扩散范围。

⑤ 浅层地质风险，特别是浅层气、浅层水、天然气水合物等。

⑥ 定向井和测斜要求。

⑦ 使用钻机类型，应便于钻井装置就位、供应船停靠及直升机起降，如采用锚泊定位，需要考虑抛锚作业。

⑧ 若失控井位于井口平台，还需要考虑其他井眼干扰。

⑨ 宜使井眼轨道简单且便于施工作业。

救援井连通主要方式包括用钻头直接钻穿、水力压裂、低压酸化、射孔或爆破等。一般情况下，当井喷井连通位置下有套管时，应采用探测钻穿(拦截方式)连通；当井喷井是裸眼井时，可采用其他方式连通。不管采用哪种方式，都需要精确控制救援井位置误差在允许范围内。救援井相对位置不确定性主要由井口位置误差、轨迹计算、测深误差、井斜误差、方位误差、磁偏角误差、钻具变形和传感器不对中等系统误差引起。在安全条件允许下，采用尽量缩短井口间距离、减小救援井的井斜和井深、尽可能用高精度工具复测套管段等方法，减小系统相对位置不确定性，提高系统精度。

通过救援井进行压井是控制失控井的关键一步，恢复井眼内压力平衡，即井底压力等于或稍大于地层压力，还必须把地层进入井眼中的流体安全地排出井眼，或安全地再压回地层。压井的原则是保持井底常压，也即在压井过程中，井底压力略大于地层压力并且使井内压力保持不变。英国石油公司、Chevron 公司等给出过 5 种救援井压井作业方法。

深水钻井离岸比较远，救援井压井需要的压井液体积比较大，因此，对应急钻井船的压井液储存能力和泵送能力提出了更高的要求。在进行救援井动态压井方案设计时应结合救援井作业的钻井船作业能力(泥浆泵能力、泥浆池容量等)进行，模拟多种井况下多种压井方案，优选泵排量小、所需压井液体积小、压井时间短、套管鞋处压力小的方案作为推荐方案。

由于失控井中可能存在钻具、井壁坍塌等复杂情况，因此救援井固井和弃井要考虑失控井压井成功后具备重入的条件，若具备重入条件，则重新安装井口，从被救援井进行弃井；根据被救援井的套管完整性情况，还应建立井筒与地层的有效封隔。若失控井压井后不具备重入的条件，根据情况可考虑通过救援井注入水泥浆进行弃井。

我国深水钻井应急救援技术与国外相比仍有巨大差距，且在南海开发过程中还面临台风等特有的风险与挑战。为进一步推动我国深水钻井应急救援技术体系建立，建议从以下几个方面深入开展技术研究工作：

1）研究深水井喷智能预警技术

考虑深水环境和井筒流体等复杂因素影响，研制出非介入式超声波探测水下早期溢流装置和海面隔水管内液面监测装置。构建基于海面早期溢流监测设备、泥浆池增量、井口隔水管内液面监测，以及水下溢流早期监测、防喷器温度压力检测，井下随钻录测井数据的“三位一体”综合安全监控系统。结合目标井海域历史钻井数据，提出多源监测数据融合分析及溢流识别算法，研制出深水井喷智能预警系统，形成深水井喷智能预警技术体系。

2）研制出我国首套具有自主知识产权的水下应急封井装置

水下应急封井装置是水下应急救援系统的关键装置，基于国内尚无针对水下井口应急抢险救援的相关技术与装备，安全生产面临严峻考验的问题，可通过引进消化吸收国外先进技术及经验，建立系统分析模型，完善系统设计，深入开展配套设备研究，研制出我国首套水下应急封井装置并研究配套安装工艺技术，实现水下应急封井装置关键设备的国产化，从而提升我国海洋应急装备制造水平及应急控制救援能力。

3）形成成套的深水救援井设计和作业技术

研制一套具有自主知识产权的救援井连通探测定位工具，开展海上救援井关键技术、工艺、工具研发及实钻试验，掌握救援井设计方法及相关关键技术，形成我国深水救援井技术和作业能力。

4）搭建我国深水油气开采事故应急救援平台

基于现有的应急管理系统及海洋钻完井作业支持及辅助决策系统，建立起实时获取事故信息的深水钻井事故（井喷失控）专业应急救援平台，实现现场监控、救援资源动态跟踪、救援过程辅助支持、决策及事故处置过程复演、后评估的实时在线高效应急救援平台。系统建成后还可用于正常生产过程中的重点项目（井）、高风险井的井喷预防、监控、专家在线支持等，为深水安全作业提供技术保障。

参 考 文 献

［1］ 王平双，郭士生，范白涛. 海洋完井手册［M］. 北京：石油工业出版社，2019.

［2］ 董星亮，曹式敬，唐海雄，等. 海洋钻井手册［M］. 北京：石油工业出版社，2010.

［3］ 路宝平. 深水钻井关键技术与装备［M］. 北京：中国石化出版社，2014.

［4］ 周建良，陈国明，许亮斌. 深水钻井隔水管系统力学分析与工程设计［M］. 北京：中国石化出版社，2020.

［5］ 孙宝江，曹式敬，周建良. 深水钻井工程［M］. 北京：石油工业出版社，2016.

［6］ 易远元，唐海雄. 海洋深水钻井浅层地质灾害识别技术及案例分析［M］. 北京：石油工业出版社，2012.

［7］ America Petroleum Institute. API RP 16Q. Recommended practice for design selection operation and maintenance of marine drilling riser system［S］. Washington：USA，2017.